機械学習をめぐる冒険
Adventures in the land of Machine Learning

小高知宏 著
Tomohiro Odaka

まえがき

近年、人工知能や機械学習、とくにディープラーニング（深層学習）への関心が高まっています。本書では人工知能の一分野である機械学習を取り上げ、機械学習に関するさまざまなトピックスを、やさしく概説します。

説明にあたっては、数式や複雑な処理手順はできるだけ扱わず、イラストを多用して、大枠・要点が素早くつかめるようにしています。また、紹介する機械学習の技術がどのような場面でどのように利用されているのかを折に触れて説明します。さらに、機械学習に関連するこぼれ話をコラムで紹介しています。

本書では、はじめに機械学習の位置づけや機械学習の手法の分類を示したうえで、機械学習のトピックスとして、k近傍法、SVM、決定木、ランダムフォレスト、進化的計算、群知能、強化学習、ニューラルネットワーク、ディープラーニング（深層学習）などを概説します。また、こうした手法を実現するために必要となるプログラミング言語とは何か、という初歩についても紹介します。

本書の実現にあたっては、著者の所属する福井大学での教育研究活動を通じて得た経験が極めて重要でした。この機会を与えてくださった福井大学の教職員と学生の皆様に感謝いたします。また、本書実現の機会を与えてくださったオーム社の皆様にも改めて感謝いたします。最後に、執筆を支えてくれた家族（洋子、研太郎、桃子、優）にも感謝したいと思います。

二〇二一年一〇月　著者記す

目次

第七章 神経回路の街②
－ディープラーニング－

第八章 でぐち－機械学習をはじめよう－

はじめに

－機械学習の国へ行こう－

あるところに、羊と電気羊がいました。羊は普通のふわふわの羊で、電気羊は電気で動くつるつるの羊ですが、二人は仲よしです。

ある日、二人（二人、という数えかたが適切かどうかはわかりませんが、ここでは便宜的に二人と呼びます）がボードゲームで対戦したところ、それまではずっと羊が勝っていたのに、今日は突然強くなった電気羊が勝ちました。羊はとてもびっくりしたので電気羊に強くなった理由を尋ねると、電気羊は「機械学習の国でパターンを学習したんだ」と答えました。

羊は機械学習の国に行ったことがなかったので、観光ついでに二人で遊びにいくことになりました。このお話は、二人が機械学習の国のいろんな街をめぐって、それぞれの街でいろんな働きをしているアルゴリズムを学んでいく過程を記録したものです。

ところで、私たちが暮らす世界には、喋る羊はいませんし、心をもつ電気の羊も存在しません（少なくとも、公表され認知されてはいません）。しかしさきほどの「機械がゲームに勝った」という状況は、この世界で起こったこととよく似ているな、と思った人も多いのではないでしょうか。

電気羊
機械でできた
つるつるの羊
機械学習の国で
ゲームを学んだ

羊
ことばを話す
ふわふわの羊
ゲームが得意

AlphaGoというＡＩが囲碁のプロ棋士に勝利したことは、全世界で大きく取り上げられました。囲碁はＡＩが人に勝つことが難しく、AlphaGoが勝利するまでは「ＡＩが人に勝つにはまだ時間が必要」といわれていたのですが、AlphaGoは人々の予想よりはるかに早く勝利しました。その背景には、さきほど電気羊が口にした「機械学習」という技術が存在します。

二人が遊びにいく「機械学習の国」とは、複数の街によって構成されるとても広い国です。それぞれの街にはさまざまなアルゴリズムがあり、いろんなタスクがこなされています（アルゴリズムもタスクもあとで説明するので、意味がわからなければ読み飛ばしてもらって大丈夫です）。二人はもう出かけてしまったようですが、ちょっとした裏技を使えば私たちも羊と電気羊が見ているものを一緒に覗いてみることができます。私がナビゲートするので、一緒に追いかけてみましょう。

次のページに簡単な地図を置いておくので、出かける前にどんな街を巡るのか、確認しておいてくださいね。

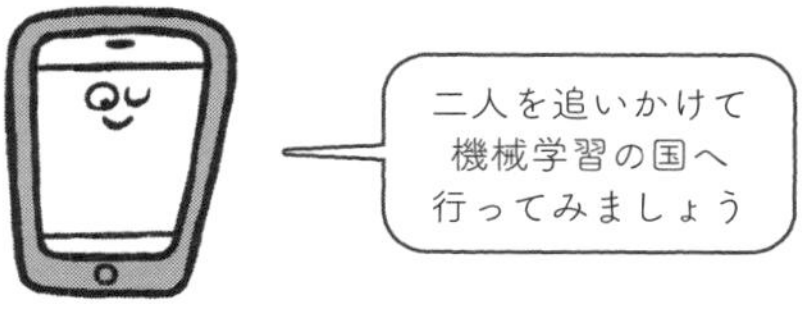
二人を追いかけて
機械学習の国へ
行ってみましょう

機械学習の国の地図

START

第一章 いりぐち

- 機械学習とはなにか？
- 機械学習でできること

第二章 観光案内所

- 機械学習の種類
- 基本的な用語

第三章 分類の街

- 分類とはなにか？
- k近傍法、SVM、決定木

第四章 最適化の街

- 最適化とはなにか？
- 進化的計算、群知能

第五章 試行錯誤の街

・強化学習とはなにか？
・モンテカルロ法、Q学習

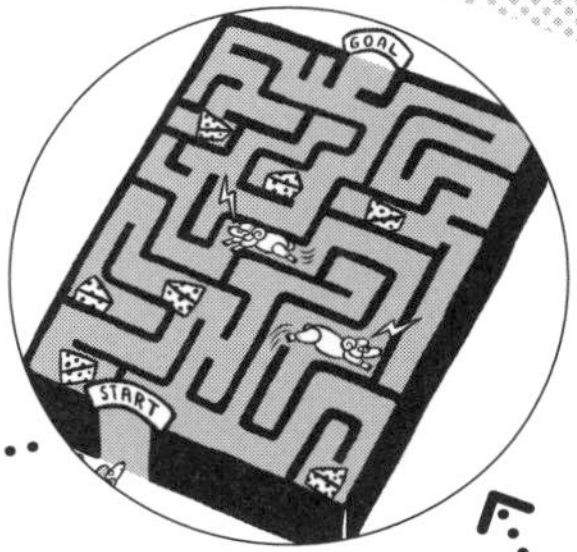

第六章 神経回路の街①

・ニューラルネットとはなにか？
・ニューラルネットワークの種類
・ニューラルネットワークでできること

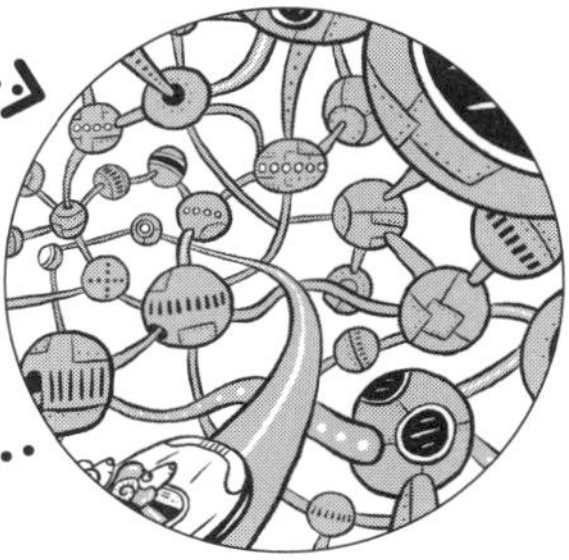

第七章 神経回路の街②

・ディープラーニングとはなにか？
・CNN、LSTM、GAN、深層強化学習

第八章 でぐち

・機械学習のプログラミング言語
・機械学習のフレームワークとライブラリ

GOAL

第一章

いりぐち

−機械学習ってなんだろう？−

機械学習ってなんだろう？

ようこそ、機械学習の国へ。私はこの国の観光案内アプリです。わからないことや気になったことがあれば、どんどん聞いてくださいね。

さて、入国審査の列に並んでいる間に、機械学習に関する簡単な説明をしておきましょう。最初は、ずばり「機械学習とＡＩはどう違うの？」というお話です。

「機械学習とＡＩは同じものか」という質問を受けることが、ときどきあります。結論を先にいえば、同じものではありません。しかし、まったく関係のない別のものでもありません。機械学習は、ＡＩ――人工知能に分類される技術の一つです。人工知能には、機械学習以外にもさまざまな関連分野があります。それらについて触れておきましょう

はじめに、人工知能と機械学習、それに関連分野としてソフトウェア科学と計算機科学の関係を説明します。一番大きな括りは計算機科学です。計算機科学という大きな分野のなかにソフトウェア科学があり、さらにそのなかに人工知能があります。そして人工知能のなかの一つの分野として、機械学習があります。

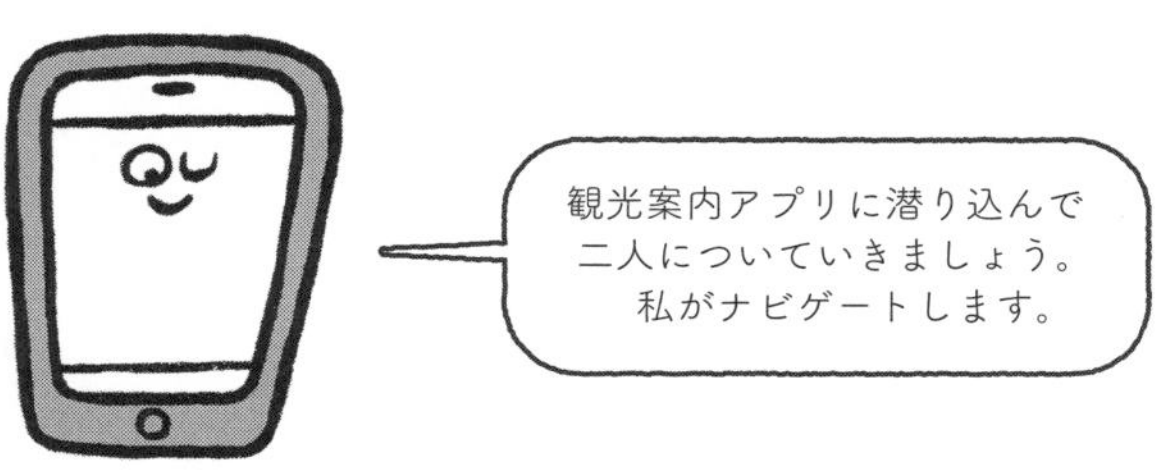
観光案内アプリに潜り込んで
二人についていきましょう。
私がナビゲートします。

計算《けいさん》機《き》科学《かがく》は、コンピューターに関する学問です。**ソフトウェア**や**ハードウェア**など、コンピューターに関することがら全体を対象とします。ソフトウェアやハードウェアは、コンピューターの分類です。羊で例えるなら、ソフトウェアは思考、ハードウェアは体です。

　ソフトウェアは、コンピューターの内部で動いているプログラムやアプリなどの仕組みのことを指します。手で触れないものですね。

　逆にハードウェアは、手で触れるものです。たとえば私の体であるスマートフォンはハードウェアです。こうして喋っている私自体はソフトウェアですね。計算機科学は、ソフトウェアとハードウェアの両方を扱う学問です。

　計算機科学の一分野である**ソフトウェア科学《かがく》**は、コンピューターの使いかたに関する学問領域です。同じく計算機科学の一分野である**ハードウェア科学**は、コンピューターの作りかたを扱う領域です。また、計算機科学にはコンピューターの動作を数学的に考察する基礎理論も含まれます。

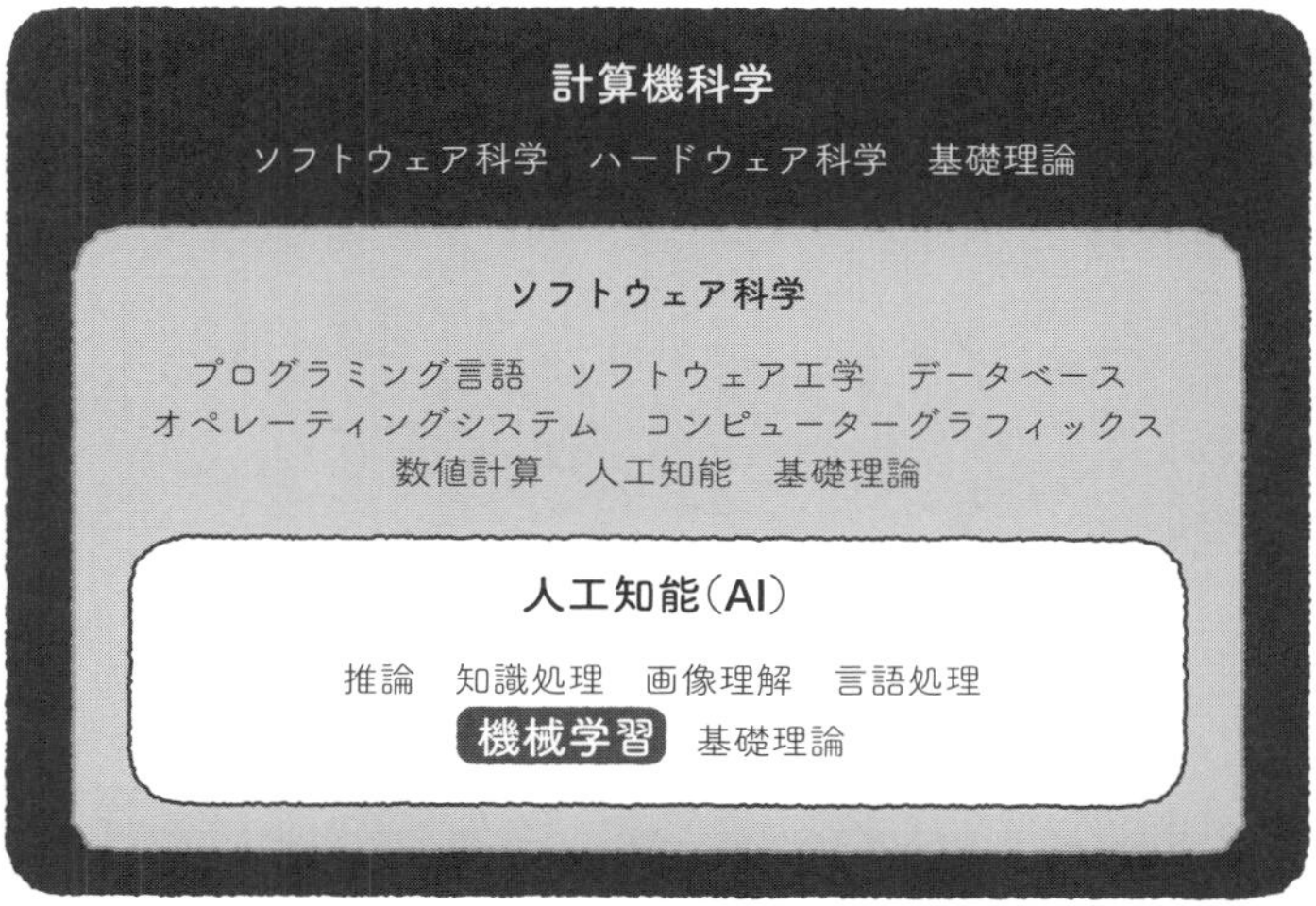

ちょっと難しいので説明は省きますが、気になる人は「情報理論」などで調べてみてください。

さて、ソフトウェア科学は、プログラミング言語やデータベース、基本ソフトであるオペレーティングシステム、あるいはコンピューターグラフィックスや数値計算など、コンピューターの使いかたに関するさまざまな技術を対象とします。このなかの一つとして**人工知能**《じんこうちのう》があり、さらにそのなかに**機械学習**《きかいがくしゅう》が位置づけられます。

人工知能は、人間や生物の知能・知性をお手本として、役に立つソフトウェアを作り出す技術です。ソフトウェア科学に含まれる人工知能以外の技術は、必ずしも人間や生物の知能をお手本としているわけではありませんが、人工知能は人間や生物のもつ知能――たとえば推論、知識の利用、学習などの特性を真似ることで、有用なソフトウェアを作り出しています。

まとめ

・機械学習は、人工知能のなかの一分野。
・人工知能は、生物の知能や知性をお手本にしたソフトウェアを作る技術。

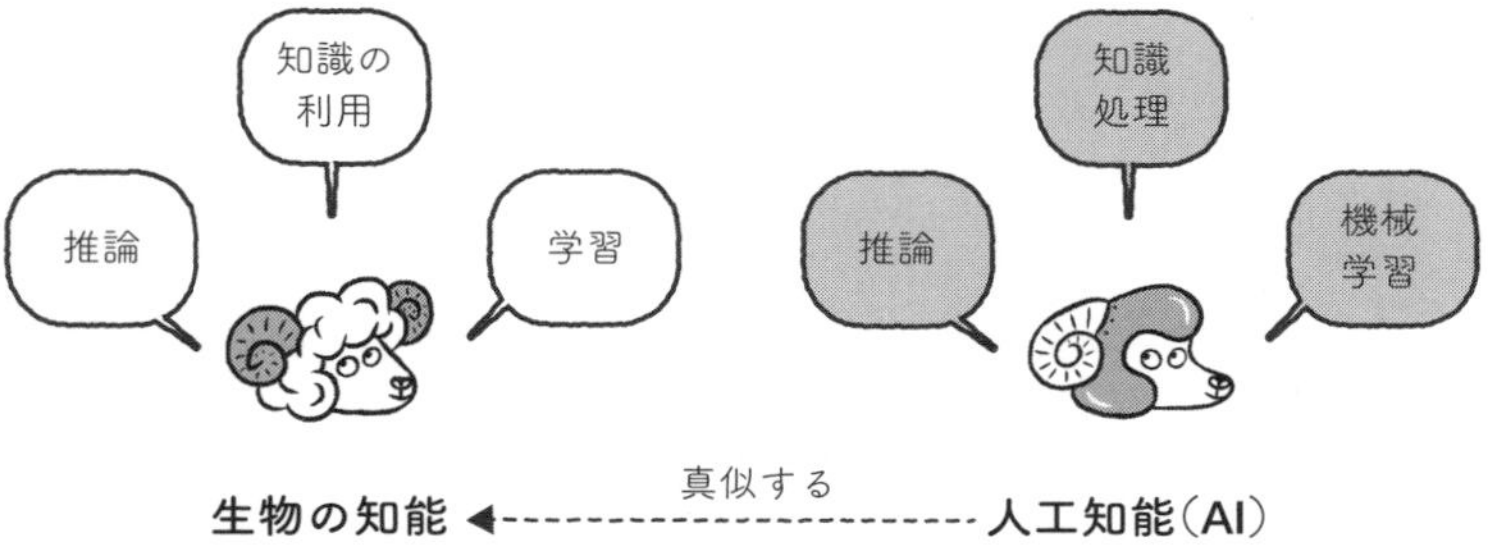

人工知能は、人間や生物の知能や知性をお手本として、役に立つソフトウェアを作る技術。

AIにできること

機械学習の説明に入る前に、さきほど軽く触れた推論や知識処理、つまり人工知能の他分野について少し説明しておきましょう。

人工知能は、機械学習以外にも推論・知識処理・画像理解・言語処理・エージェント・ロボットなどさまざまな分野から構成されています。一つひとつ紹介します。

推論《すいろん》とは、「AならばB、BならばC」などといった三段論法を繰り返すことで事実から結論を導いたり、逆にある仮説が正しいかどうかを確かめたりする技術です。赤いものを見つけたときに「赤いなら林檎、林檎なら食べ物」と判断するようなイメージです。

知識処理《ちしきしょり》は、推論に用いる知識をプログラムで扱えるように書き下す方法や、知識の表現方法を与える技術です。コンピューターは私たちが普通に喋っている言葉をそのまま理解することができないので、こういった処理が必要になります。

画像理解《がぞうりかい》や**言語処理**《げんごしょり》は、視覚や聴覚などに関連する生物の知能

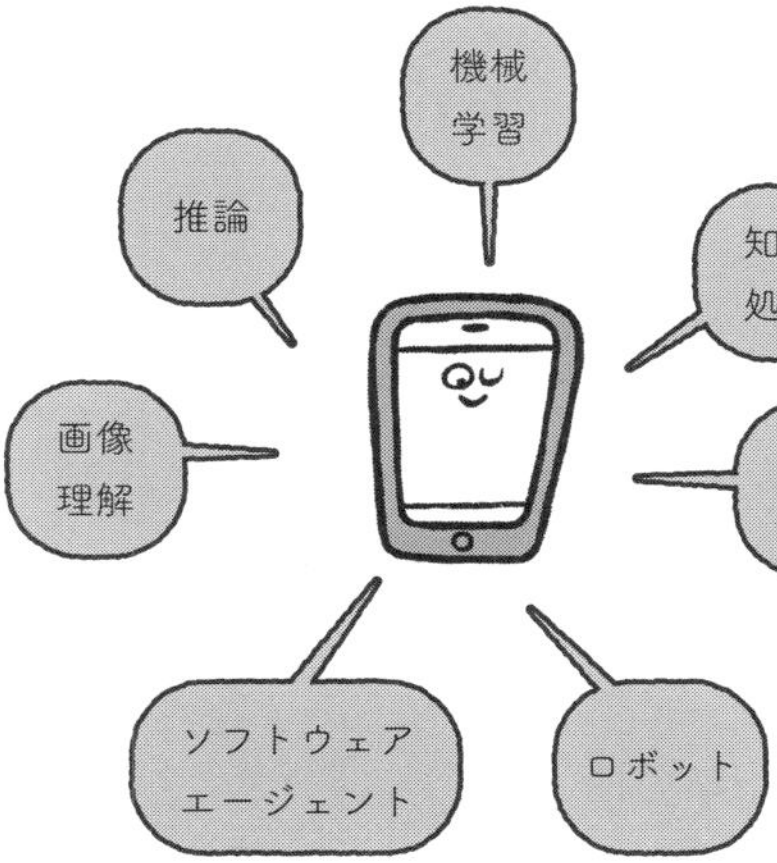

をコンピューターで模擬する技術です。画像理解はカメラなどで読み込んだ画像に何が写っているのかを認識したり、画像の意味を捉えたりします。スマホで写真を撮ると人が写っている写真を自動的にフォルダ分けしてくれることがありますが、そういった仕組みの裏で使われている技術ですね。言語処理は私たちが普段使っている日本語や英語などの言語を、コンピューターで扱えるようにするための技術です。

電気羊のような**ロボット**の実現にも人工知能が深く関わっています。ハードウェア、つまり機械の体をもつロボットが周囲を認識したりうまく動いたりするためには、人工知能の技術が必要です。また、ネットワークの世界で自律的に行動する**ソフトウェアエージェント**[※1]の実現にも、さまざまな人工知能技術が利用されています。

さて、この国の名前でもある**機械学習**は、機械――つまりコンピューターに学習をさせるための技術です。コンピューターが学習することで、使えば使うほどコンピューターが賢くなり、結果としてより便利なシステムが実現されます。機械学習はソフトウェア技術における一つの基本技術として、広く利用されています。

まとめ

・人工知能には機械学習だけではなく、さまざまな分野がある。
・ロボットやエージェントは、さまざまな人工知能技術の複合体である。

※**1** ソフトウェアエージェントとは体のないロボットのようなもので、ユーザーがシステムを使うときに助けとなってくれるような機能のことを指します。単に**エージェント**とも呼びます。iPhoneのSiriはソフトウェアエージェントの一種です。

生物とコンピューター、それぞれの学びかた

さて、コンピューターがどうやって学習するのか説明する前に、模倣元である人間や生物の**学習**についておさらいしておきましょう。

私たちは日々の暮らしのなかで、うまくいったことや、逆にうまくいかなかったことを覚えておき、次の機会にはもっとよい結果が得られるように行動しようとします。さきほど羊はゲームで電気羊に負けてしまいましたが、次は勝つために練習するでしょう。生物は過去の経験からよりよい行動を選択しようとします。これが学習です。

生物が知的であるためには、学習の能力が必須です。いつも同じ失敗をする動物はあまり賢く思えません。逆に失敗から学んで次の機会で成功すると、賢い行動だとみなされます。学習は生物が知的であることを支える重要な能力です。

学習は、学習者である人間や生物が、学習者を取り巻く環境と相互作用することで進められます。この観点から学習の意味を説明すると、学習とは、**生物が環境と相互に作用して、内部の状態を変化させ、結果として環境によりよく適応する能力**だといえます。

機械学習、つまりコンピューターの学習も同じように捉えることができます。

学習とは…
環境と相互作用し、その結果から内部の状態を変化させ、環境によりよく適応する能力

生物の学習と同じように考えると、機械学習とは、コンピューターが外部の環境と相互に作用してその結果からコンピューター内部の状態を変化させ、結果として環境によりよく適応する能力である、といえます。

さて、ここまでの話で学習をする主体として扱ってきた「コンピューター」とは、実際にはコンピューター上で動作する**プログラム**を意味します。また、相互作用の対象となる**外部《がいぶ》環境《かんきょう》**とは、そのプログラムとは別のプログラムであったり、プログラムを利用する人間であったり、あるいはセンサーなどから取り込んだ自然現象や社会現象の情報であったりと、さまざまなものが考えられます。

ここまでの話を総合すると、機械学習とは、あるプログラムがそのプログラム以外のデータによってよりよい形へと変化することだ、といえます。

まとめ

- 機械学習は、プログラムがそのプログラム以外のものと相互に作用しあって、よりよい形へと変化すること。

機械学習とは…
環境と相互作用し、その結果から内部の状態を変化させ、環境によりよく適応する能力

コンピューターの学習

一口に機械学習といっても、さまざまな学習方法があります。いきなり厳密な種類を説明してもわかりづらいので、まずは**教師《きょうし》あり学習**を例にとって機械学習の手順を説明しましょう。教師あり学習は機械学習の代表的な学習方法の一つです。入国手続きが終わったら詳しく説明するので、まずはざっくりいきますね。

教師あり学習による機械学習では、はじめに**学習手続き**によって知識を獲得します。このとき、学習対象となるデータを**学習データセット**と呼びます。教師あり学習では、学習データセットから知識や法則を見つけだします。

学習データセットは、学習させたい事項についての事実（＝データ）の集まりです。たとえば、これまでの株価をもとに翌日の株価を推定するプログラムを作りたいとしましょう。この場合、過去のある期間の株価の推移を記録した多数のデータを学習データセットとします。

あるいは、日本語と英語の自動翻訳機を作りたいのであれば、同

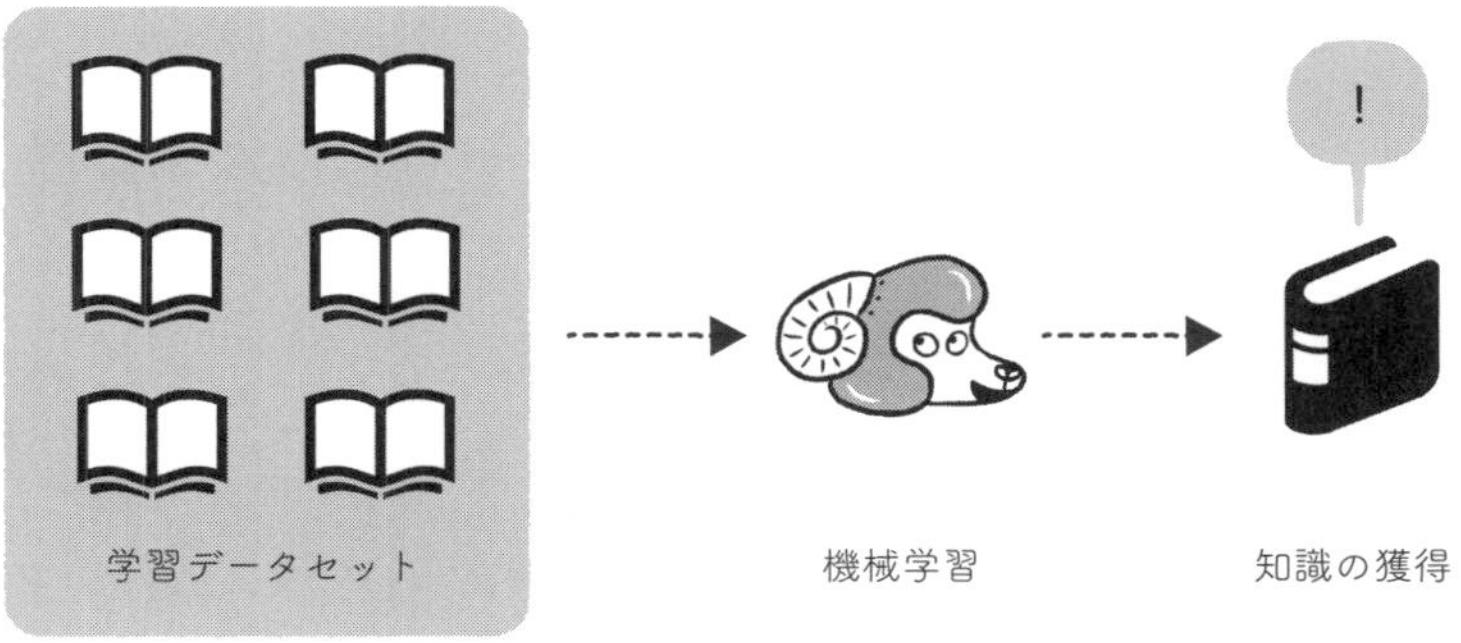

じ意味をもつ日本語と英語の文の組を多数集めて、これを学習データセットとします。何を作りたいかによって学習すべき内容が変わる、ということですね。数学の勉強をするときは国語の教科書でなく数学の教科書を読む、ということと同じです。

機械学習を適用すると、コンピューターは事実の集まりである学習データセットからその事実を説明できる知識や法則を見つけだします。「事実を説明できる知識や法則」とは、たとえば「銘柄Aの株価が上がると銘柄Bの株価も上がる」などの特徴を指します。これが機械学習の第一段階です。この段階では、見つけだした特徴が正しいか間違っているかはわかりません。

次に、獲得した知識が正しいものかどうかを**検査**《けんさ》（**テスト**）します。検査のときは学習データセットとは異なるデータを用いて、学習された知識が正しいかどうかを調べます。授業で習った知識が身に付いているかどうか確かめるために、授業とは違う問題をテストで解くことと同じですね。検査に使うデータの集まりを**検査データセット**、あるいは**テストデータセット**

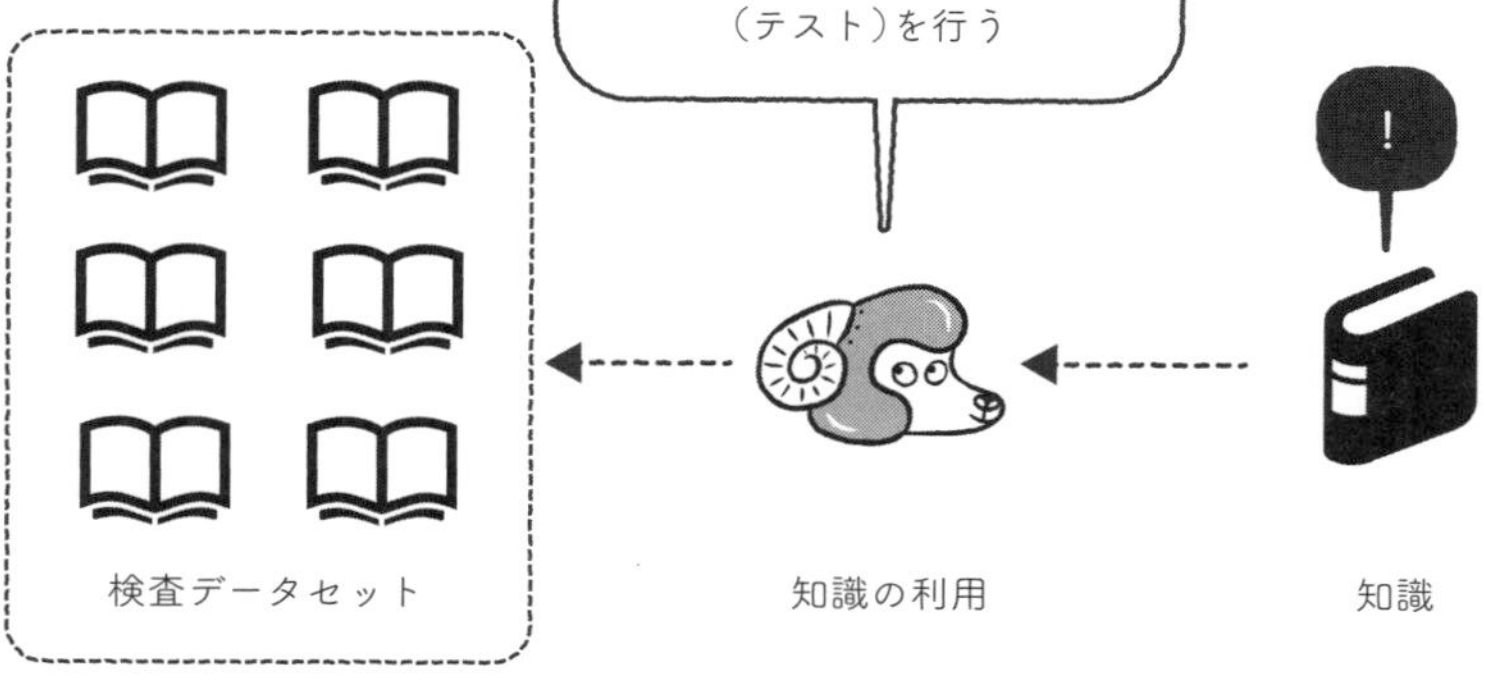
学習とは逆の手順で
獲得した知識の検査
（テスト）を行う
!
知識
知識の利用
検査データセット

と呼びます。

さきほどの株価の推定の例でいえば、学習に使わなかった期間の株価の推移のデータを使って学習した知識が正しいかどうかを調べます。翻訳の例であれば、やはり学習に使わなかった例文を用いて翻訳が正しく行われるかどうかを調べます。

検査の結果、学習内容が間違っていれば学習に戻り、学習内容が正しければ機械学習は終了です。あとは獲得した知識を役立てるだけです。たとえば、翌日の株価の推定システムや日英自動翻訳システムを作るなど、実際のシステムやサービスに役立てることができます。

以上の手順は、学校で勉強する手順とそっくりです。まずは勉強（学習）をして、次に知識が定着したかどうかをテストで評価し、合格なら社会に出て、実際の問題に当たってその結果を試します。機械学習は、人間が行う学習手順と同じことを行っているのです。

まとめ

- 機械学習は、学習手続きによって知識を獲得する。
- 学習手続きは、「学習データセットによる学習→検査データセットによる検査の順」で行う。

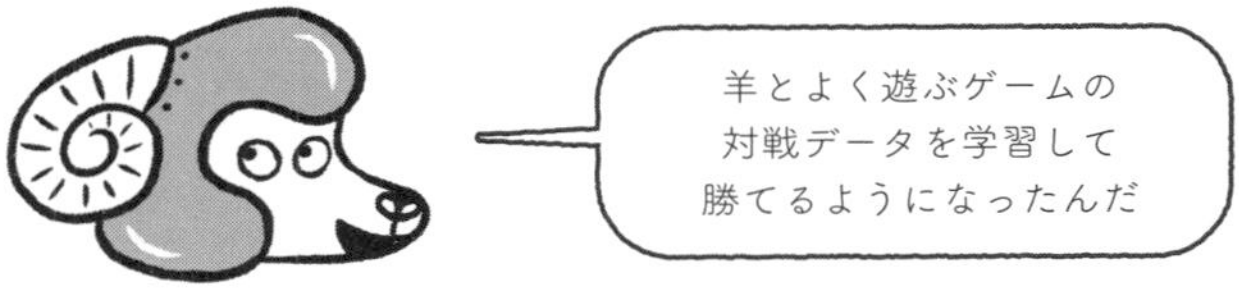
羊とよく遊ぶゲームの
対戦データを学習して
勝てるようになったんだ

機械学習は何ができるの？

「言葉」を認識する

機械学習は社会を支える基礎技術として広く利用されています。身近なところだと、スマートフォンのＡＩアシスタントなどが典型的な例です。

ＡＩアシスタントとは、たとえば iPhone の Siri や、Amazon Echo の Alexa などのことです。Siri や Alexa に話しかけるとタイマーをセットしてくれたり、音楽を流してくれたりしますね。こういった機能は機械学習によって支えられています。もう少し詳しく見ていきましょう。

Siri や Alexa が人間の言葉を認識してくれるのは、**自然言語処理**《しぜんげんごしょり》や**音声認識**《おんせいにんしき》などの技術のおかげです。自然言語とは、日本語や英語など私たちが普段使っている言語のことです。プログラミング言語のような**人工言語**《じんこうげんご》と区別するために**自然言語**と呼んでいます。人間が使う自然言語をコンピューターで処理できるようにする技術が自然言語処理、人間が話す言葉（音声）をコンピューターで処理できるようにする技術が音声認識です。機械学習は、自然言語処理や音声認識における入出力――つまり、Siri が人間の言葉を認識したり（**入力**《にゅうりょく》）、それに対して返答したり（**出力**《しゅつりょく》）する技術に大きく寄与しています。

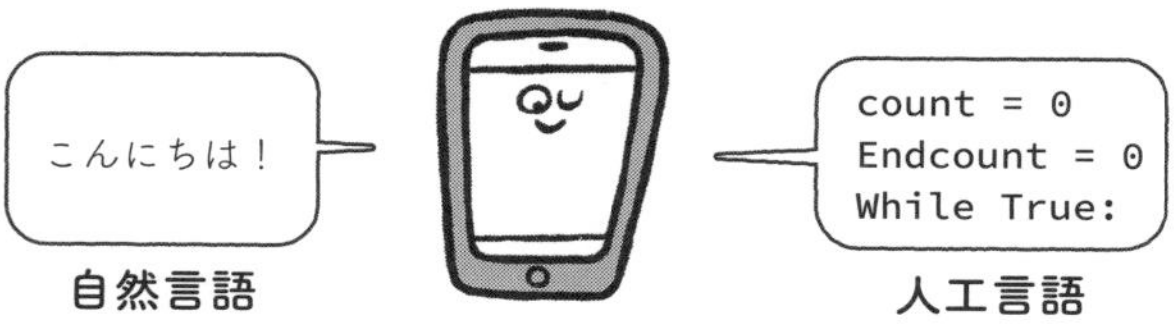

機械学習が活発に使用され始める以前は、音声認識に必要な知識は人間が一つずつ手作業で構築していました。たとえば、「おはよう」「こんにちは」は挨拶だ、というような形です。このためシステムに与えることのできる知識の分量は限られており、その結果なかなか認識の精度を向上させることができませんでした。さきほどの例でいえば「やあ」と話しかけたとしても挨拶として認識できないのです。

しかし機械学習を用いることで、膨大な学習データセットからコンピューターが自動的に知識を獲得できるようになり、音声認識の精度を飛躍的に向上させることができたのです。これはインターネットの普及や身の回りのさまざまな道具にセンサーが付けられるようになったこと（**IoT**《アイオーティー》）によって、膨大な量の学習データセットとなり得る音声データを入手しやすくなったことなどが背景にあります。こうして、スマートフォンなどで音声認識による操作指示が実用化されました。

他にも言葉に対して機械学習を応用している事例として、**機械翻訳**《きかいほんやく》が挙げられます。機械翻訳は英語の文章を日本語に変換したり、その逆の操作をコンピューターによって自動的に行う技術です。Google 翻訳や DeepL などを使ったことがある人も多いことでしょう。近年では、画像に写った文字を自動的に翻訳してくれるアプリ※2などもありますね。

コンピューターによる翻訳では、例となる対訳から翻訳知識を抽出して翻訳に利

※2　このアプリのような画像から何かを読み取る技術には、次に説明する画像認識も絡んできます。

用しています。機械学習を使うと大量の対訳データから知識を抽出できるため、機械翻訳の精度を向上させることができます。さらに音声による会話を逐次翻訳する自動翻訳の技術においても、機械学習が広く利用されています。

以上は最近の事例ですが、実は自然言語処理への機械学習の応用は、自然言語処理技術研究の初期から行われています。たとえばパソコンの**かな漢字変換**《かんじへんかん》への機械学習の応用は、かな漢字変換が広く使われるようになった二〇世紀後半から利用されています。具体的には、かな漢字変換によって複数の漢字候補が挙がった場合に、候補の順位付けを過去の実行履歴から決定することで、より使いやすいかな漢字変換システムを実現します。このように、機械学習は身近なサービスやプロダクトの実現にたびたび貢献しています。

まとめ

・スマートフォンの音声操作や自動翻訳システムには、音声認識や自然言語処理の技術が使われている。
・機械学習は、音声認識や自然言語処理の分野にも応用されている。

「画像」を認識する

機械学習で学べるものは数字や文字ばかりではありません。写真やイラストなどの画像を学習対象とすることもできます。

コンピューターの世界では、画像は「数値の集まり」として表現されます。どういうことかというと、画像を**ピクセル**と呼ばれる小さな区画に分割して、それぞれのピクセルの「明るさ」や「色」の情報を数値として扱っているのです。ピクセル値による画像の表現方法は、コンピューターだけでなく、カメラなどの画像を扱うシステムで広く用いられています。

画像を「ピクセル値の集合」に変換してしまえば、画像データは単なる数字の集まりとして表現できます。こうすることによって、さきほど説明した「言葉」に関する場合と同様に、画像を機械学習の対象として利用できるようになる――つまり、コンピューターは画像を学習できるようになります。機械学習を用いることで、たとえば、たくさんの画像を分類したり、画像のなかに写っているものを識別したりするシステムが作れます。

人物が写っている写真とそうでない写真を自動的にフォルダ分けしてくれる画像アプリや、植物を撮影するとその植物の名前を教えてくれるカメ

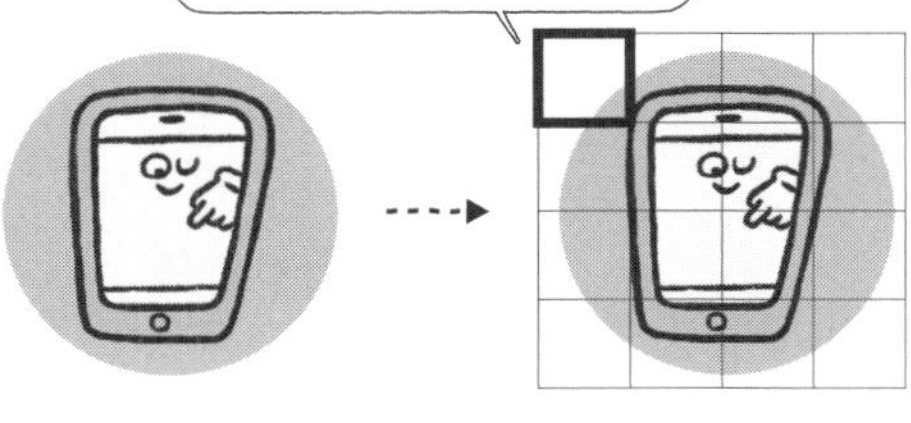
画像を**ピクセル**と呼ばれる
小さな区画に分割
ピクセルの明るさや
色の情報を数値として表現

40	45	44	47
51	53	39	63
40	44	43	35
55	59	60	35

ラアプリなどは、画像処理技術に機械学習を応用して作られています。

身近な応用事例として、顔画像の学習による**顔認証《かおにんしょう》システム**があります。最近のスマートフォンなどでは、カメラに顔を写すことで利用者の確認を行いますね。顔認証のスマートフォンやパソコンを使っている人はわかると思いますが、この方法では、最初に利用者の顔を複数の角度から撮影して登録します。そしてスマートフォンやパソコンを起動するたびに、カメラで利用者の顔画像を写します。あらかじめ学習しておいた登録顔画像とカメラで取得した顔画像を照合することで本人であることが確認できます。この確認の過程では、機械学習が役立てられています。

こういったコンピューターで画像を扱う技術のことを、**画《が》像《ぞう》処《しょ》理《り》**や**画《が》像《ぞう》理《り》解《かい》**などと呼びます。

まとめ

・スマートフォンの顔認証機能には、画像処理技術が使われている。
・機械学習は、画像処理技術に応用されている。

COLUMN 強いＡＩと弱いＡＩ

この本では人工知能のことを「人間や生物の知能・知性をお手本として、役に立つソフトウェアを作り出す技術」と定義しています。この立場は**弱いＡＩ**と呼ばれることがあります。一方、人工知能を「人間や生物の知能・知性を創り出す技術」と定義する立場があります。これを**強いＡＩ**と呼びます。

小説や漫画に出てくるいきもののようなロボットは、強いＡＩの目標・目的であるといえます。この本に出てくる電気羊も強いＡＩだといえるでしょう。これに対して弱いＡＩは、役に立つソフトウェアを作ることが目的ですから、必ずしも生物のようなロボットを生み出すことは目標とはしていません。ここまで紹介したような、身の回りにあるアプリやサービスを支えている便利な技術です。

現代の社会で活躍しているＡＩ技術は、すべて弱いＡＩの成果です。強いＡＩは実現されていないので、この本の電気羊のようなＡＩはまだ作ることができません。しかし電気羊がゲームの勝ちかたを学んだような、生物の特定の機能を模倣して成果を出す手段（弱いＡＩ）はすでに社会で活躍しています。

なお、近年では**汎《はん》用《よう》人《じん》工《こう》知《ち》能《のう》**（ＡＧＩ）という呼びかたで、強いＡＩを志向した人工知能研究も進められています。

アプリのつぶやき

ニュースなどを見ていると「○○をAIによって実現！」「AIで○○してみよう」といった表現を見かけることがあります。そして、この「AI」は人工知能技術全般ではなく、機械学習を指しているケースが散見されます。そのためAIと機械学習を同一視してしまうことがあるようですが、機械学習はAIの一分野であって、AIそのものではありません。

また、「人工知能」という言葉から「コンピューターが自分で思考している」という印象をもつ方もいるようですが、コラムで説明したように、機械学習を含むいまの人工知能技術は「弱いAI」です。二〇二一年現在のAIとは、これまでのサービスをより快適にできる技術である、と思っておくとよいでしょう。

さて、機械学習とはそもそもどんなもので、どんなことができるのか、という基本的なことがざっくり理解できたと思います。羊たちと一緒に入国手続きを済ませたら、より詳しい説明をしていきましょう。

第二章

観光案内所

―機械学習の種類と仕組み―

機械学習には種類がある

やっと入国手続が終わりましたね。

並んでいる最中に説明したように、機械学習は、「たくさんの事実（学習データセット）から、役に立つ知識を抽出する技術」です。たとえば、たくさんの画像を学習すると「これはネコ、これはイヌ」などのパターンを学ぶことができます。こうやってコンピューターに学んでもらうことで、言葉や画像を活かした有用なサービスを生み出すことができます。

さて、この「学びかた」ですが、実は一種類ではありません。知識抽出の過程でどのような手順をとるかによって、機械学習はいくつかの方法に分類されます。代表的なものは、教師あり学習、教師なし学習、強化学習の三つです。

教師あり学習は、正解がわかっている学習データセットを使って学習を行う機械学習の方法です。ある事実とそれに対応する結果の組を多数集めて、これらを学習データセットとします。

たとえば、次の日の天気を予測したい場合を考えてみましょう。この場合、「ある事実」は前日の気温や湿度、気圧などのデータです。そして「それに対応する結果」は翌日の天気のデータです。事実と結果を一組のデータとして、これを多数集めて学習データセットを作ります。この学習データセットから、前日の気温や湿度、気圧から翌日の天気を予測する知識を抽出します。

このとき、翌日の天気は実際に起こった結果であり、先生が教えてくれるような「正解」となる事実です。このような正解がわかっている学習データセットを使った学習方法を、教師あり学習と呼びます。

一方、**教師なし学習**では、学習データセットには正解となる事実が含まれていません。天気予報の例で考えてみると、気温や湿度、気圧などのデータだけがあって、翌日の天気という正解データがないものを学習します。

その代わり、学習システム自体にあらかじめ学習の方針が埋め込まれており、それに従って学習データセットを分類したり学習データの性質を評価したりします。正解が教えてもらえない学習なので、先生のいない学習という意味で教師なし学習と呼びます。

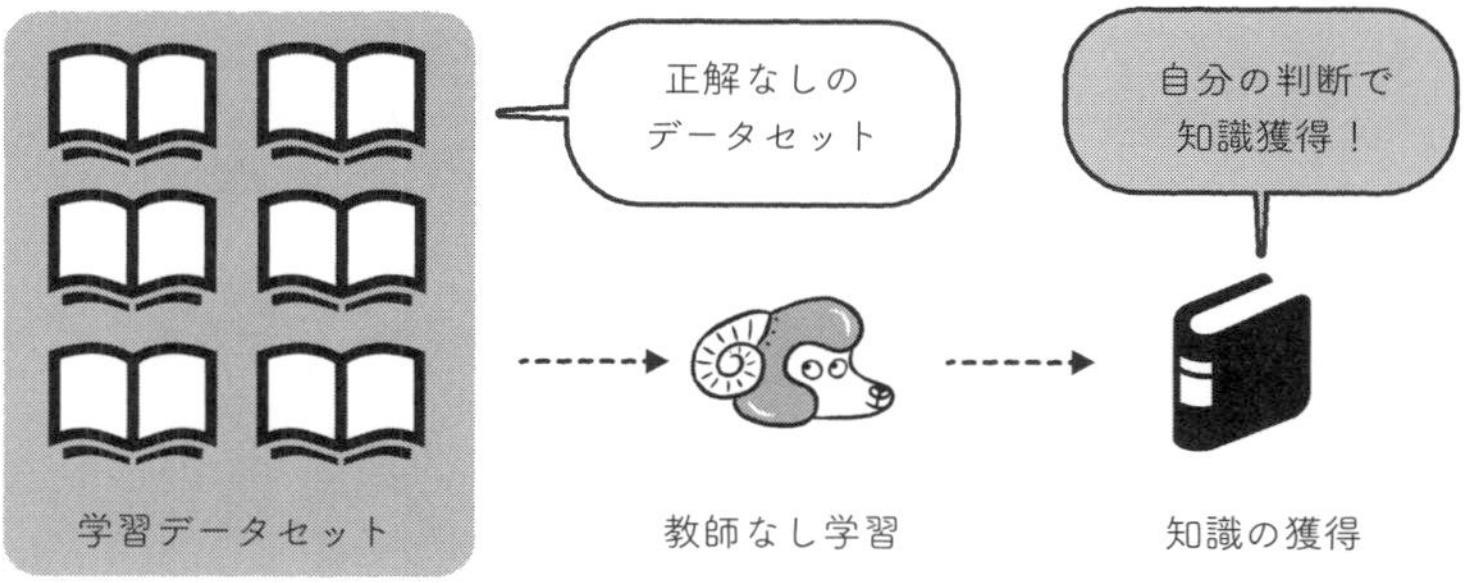

最後の一つである強化学習《きょうかがくしゅう》は、ちょっとだけややこしいです。強化学習の場合、個々の学習データには正解となる事実は与えられていません。しかし一連の学習データの系列に対して、最後の結果としてある評価が与えられます。

たとえば二足歩行ロボットの歩きかたを決定する知識について、長く歩けるか、それともあまり歩けないかで評価を与えます。つまり一歩一歩の足の動き自体ではなく、一定期間歩けたかどうかで評価する、ということです。長く歩けるような制御知識は評価が高く、あまり歩けない制御知識は評価が低いので、なるべく評価が高くなるように学習を進めることで二足歩行の知識を獲得することができます。このような考えかたに基づく学習が強化学習です。強化学習は、あのAlphaGoにも使われた技術です。

AlphaGoは、二〇一四年にGoogleの子会社となったDeep Mindが開発した囲碁のＡＩです。「ＡＩが人間に勝つのは難しい」といわれていた囲碁で世界王者に対して勝利を収めたことで、世界中から注目を集めました。AlphaGoは教師あり学習と強化学習を組み合わせて、膨大な量の打ち手を学んでいます。

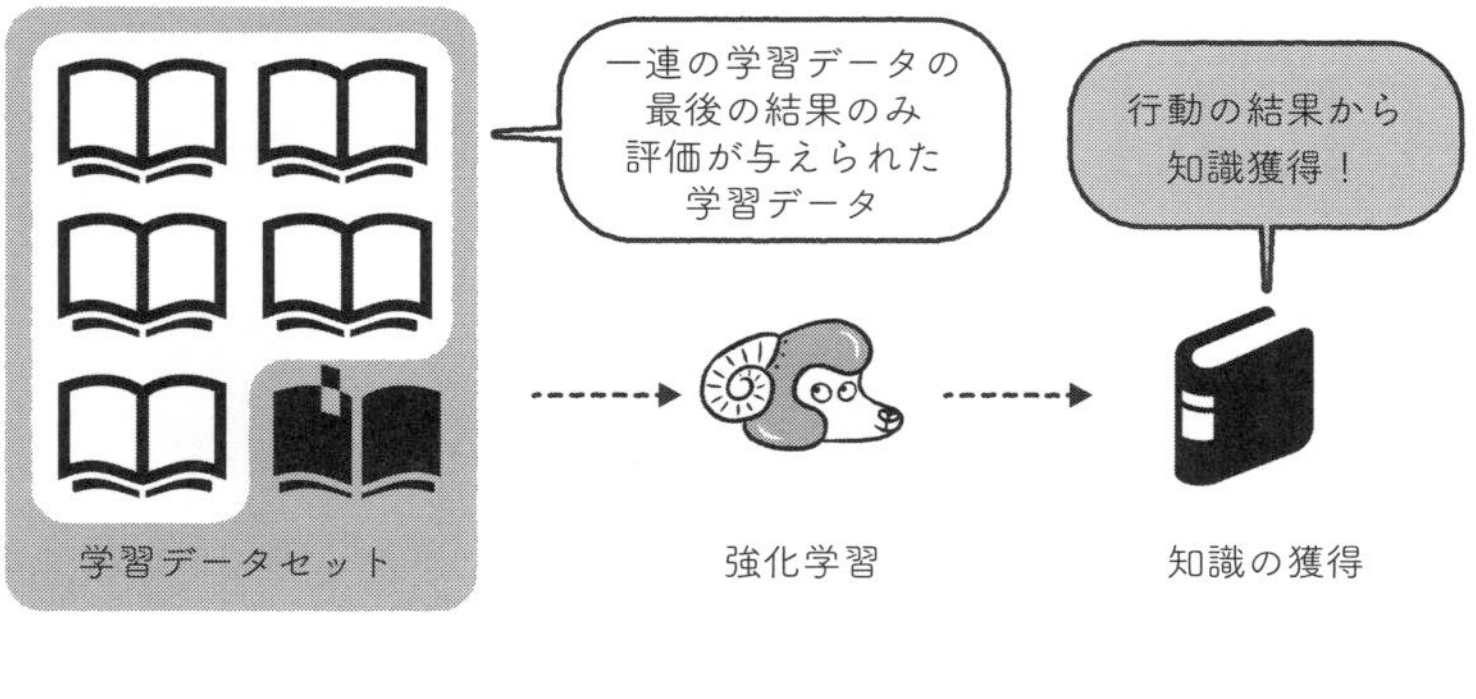

ここまでの説明で、教師あり学習、教師なし学習、強化学習についてざっくりと理解できたことと思います。他にも「半教師あり学習」や「マルチタスク学習」など細かな種類がありますが、まずはこの三種類だけ覚えておけば大丈夫です。

ここからは三種類それぞれについて、もう少し詳しく説明していきましょう。

◆

まとめ

- 機械学習は学習のしかたによって、教師あり学習・教師なし学習・強化学習に大別される。
- 教師あり学習は、事実とその事実に対する正解となるデータが対となった学習データセットを用いる。
- 教師なし学習は、正解となるデータがない学習データセットを用いる。
- 強化学習は、個々の学習ではなく一定の学習データの系列に対して評価を行い、よりよい評価を獲得するように学習を行う。

先生に正解を教えてもらおう－教師あり学習－

教師データとラベル

教師あり学習では、教師、つまり先生に教えてもらった正解付きのデータ（**教師データ**）を使って学習を進めます。教師あり学習には学習データセットとして、ある事実とそれに対する正解のデータを組としたデータが必要です。

たとえば、おもちゃのメカ羊を作っている工場のラインがあったとしましょう。ある画像に写っているメカ羊が正常なのか、それとも不具合を抱えた不良品なのかを判定する教師あり学習を考えてみます。

「良品と不良品に分ける」といった「あるものをあるカテゴリーに分ける」という課題を**分類**《ぶんるい》の**タスク**と呼びます。タスクとは「業務中にやらなくてはならない作業」などの意味もありますが、ここでは「実現したい事柄のために機械学習によって解決すべき課題」のことを指します。

さて、分類の学習のためには、学習対象となる画像データセットとして正常なメカ羊の画像と不良品の画像の二種類が必要となります。二種類の画像を集めたら、教師データとして判定結果を付与していきます。この判定結果、つまり正解のことを**ラベル**といいます。今回の例では、正常な製品には○のラベルを、不良品には×のラベルを付けます。

こうして学習データセットを構成したら、次は学習を実行します。学習の段階では、学習データセットに含まれる画像を判別する知識を、さまざまな計算方法（**アルゴリズム**）によって作成します。そして、判定結果がさきほど付けた○×のラベルとできるだけ多く一致するように、知識を修正していきます。つまり、教師データに近づくように学習していきます。

学習を始めたばかりのころは、正常なメカ羊を不良品と判断したり、逆に不良品を正常なメカ羊と判断したりしてしまうかもしれません。しかし学習がうまくいけば、次第に正常なメカ羊と不良品を正確に見分けられるようになっていきます。学習データセットを一〇〇％判定できるようになることが、学習の目標です。

学習データセットに対する分類知識ができあがったら、得られた知識が使えるかどうかをテストします。このためには、学習データセットとは異なる**検査データセット**が必要です。メカ羊の良否検査の例であれば、検査データセットとして学習には使わなかった良品と不良品両方の画像データが必要です。

一般に、学習データセットに対して一〇〇％の精度で判定可能な知識が得ら

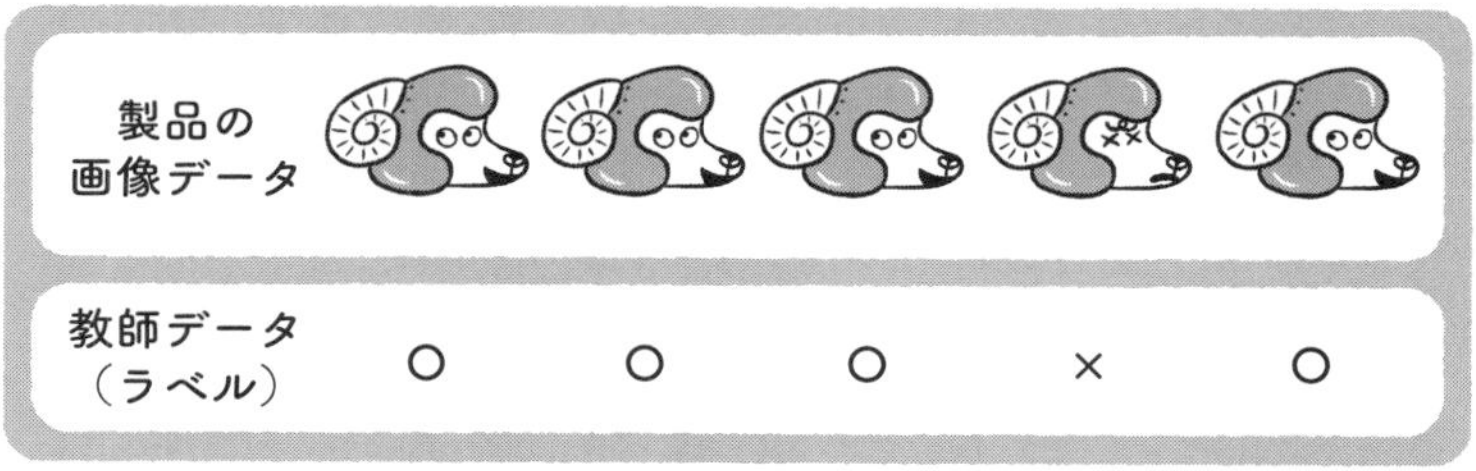

れたとしても、その知識が完璧であるとはいえません。数学のある問題集で全問正解できるようになっても、別の問題集で必ず全問正解できるとは限らないことと同じです。そのため検査の段階において、検査データセットに対する判定がどの程度可能であるかを試してみる必要があるのです。

なお、精密な知識を獲得するためには、できるだけ多くの種類の画像を集めることが必要です。ここで述べた不良品検出のような問題では正常なメカ羊の画像をたくさん集めることが比較的容易ですが、不良品の画像はそれよりずっと少なくなってしまうのが普通です。[※1] しかし教師あり学習を行ううえでは、不良品の画像もできるだけたくさん集めなければ精度の高い判定がしづらくなります。これは教師あり学習を産業に応用しようとしたとき、たびたびぶつかる課題です。

※1 不良品ばかり生産されるラインでは困ってしまいますからね。

まとめ

- 機械学習によって解決すべき課題のことをタスクと呼ぶ。
- 教師あり学習は教師データ（ラベル）の付いた学習データセットを使う。
- 教師あり学習はラベルの付いたデータがたくさん集められないと精度が落ちてしまう。

教師あり学習の仕組み

教師あり学習では、学習データセットと検査データセットの二通りのデータセットが必要です。学習データセットと検査データセットは同じ形式のデータセットですが、含まれるデータの内容が異なる必要があります。そのため、データセットを集めてからそれらを分割し、それぞれを学習データと検査データとするのが一般的です。

わかりづらいので例を挙げてみましょう。前日の株式市場の動向から、翌日の日経平均株価の上昇または下降を推定する知識を得る場合を考えます。

この場合のデータセットとしては、ある日の株式市場の動向を反映するようなデータと、その結果として翌日の日経平均株価が上がったか下がったかというラベルを組み合わせたデータを多数用意します。これらのデータは学習にも検査にも利用できます。

こうして集めた多数のデータを学習データセットと検査データセットに分割します。学習には学習データセットだけを用いて、学習が終了したら検査データセットを使って性能を調べます。

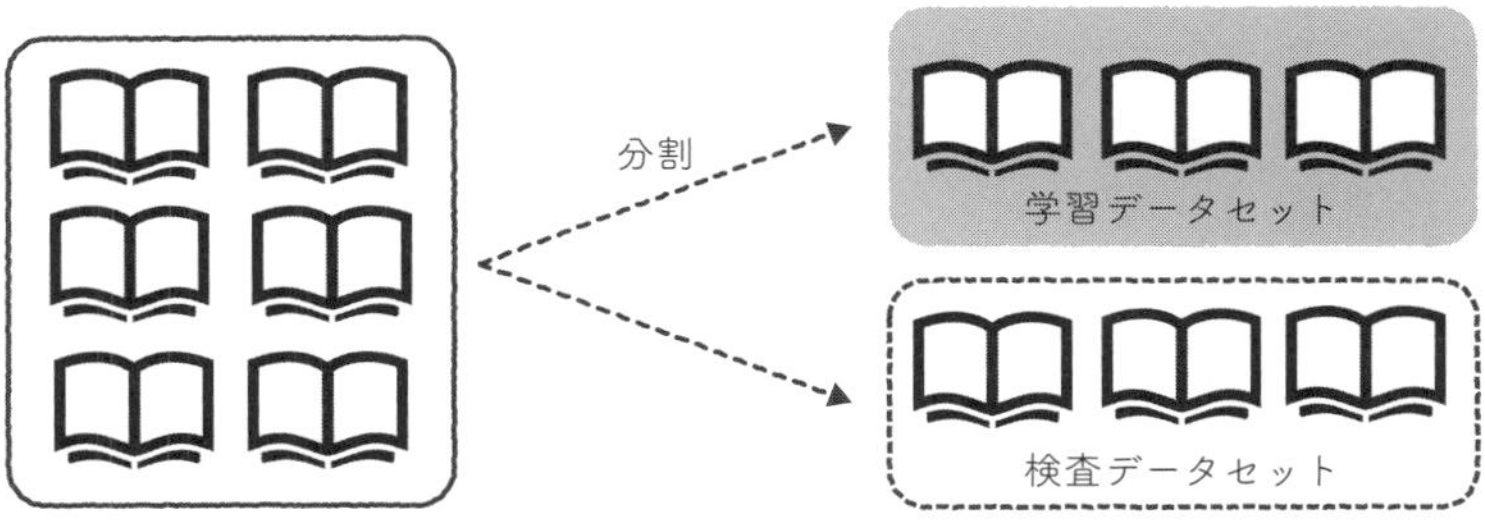

学習データセットと検査データセットには、同じデータが含まれていてはいけません。学習時に検査データが混入してしまうと、テスト問題をあらかじめ知ってしまうカンニングの状態に陥ってしまいます。

学習データセットと検査データセットを作成する際に、単にデータを分割するのでは偏りが生じてしまう危険性があります。そこで下図のように元データをk個にランダムに分割し、そこからデータをいろいろな方法で取り出すことで、繰り返し学習と検査を行う方法があります。これを**k《ケー》分割《ぶんかつ》交《こう》差《さ》検証法《けんしょうほう》**と呼びます。

k分割交差検証法を使うと、平均的にどの程度の学習が可能であるかがわかります。また、学習データと検査データを効率よく作ることができるので、比較的小規模なデータの場合でも使える方法です。

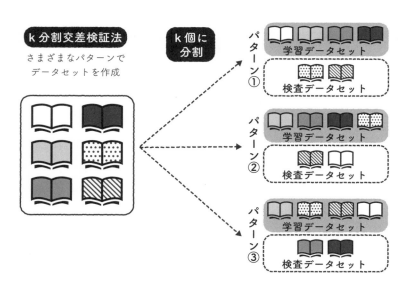

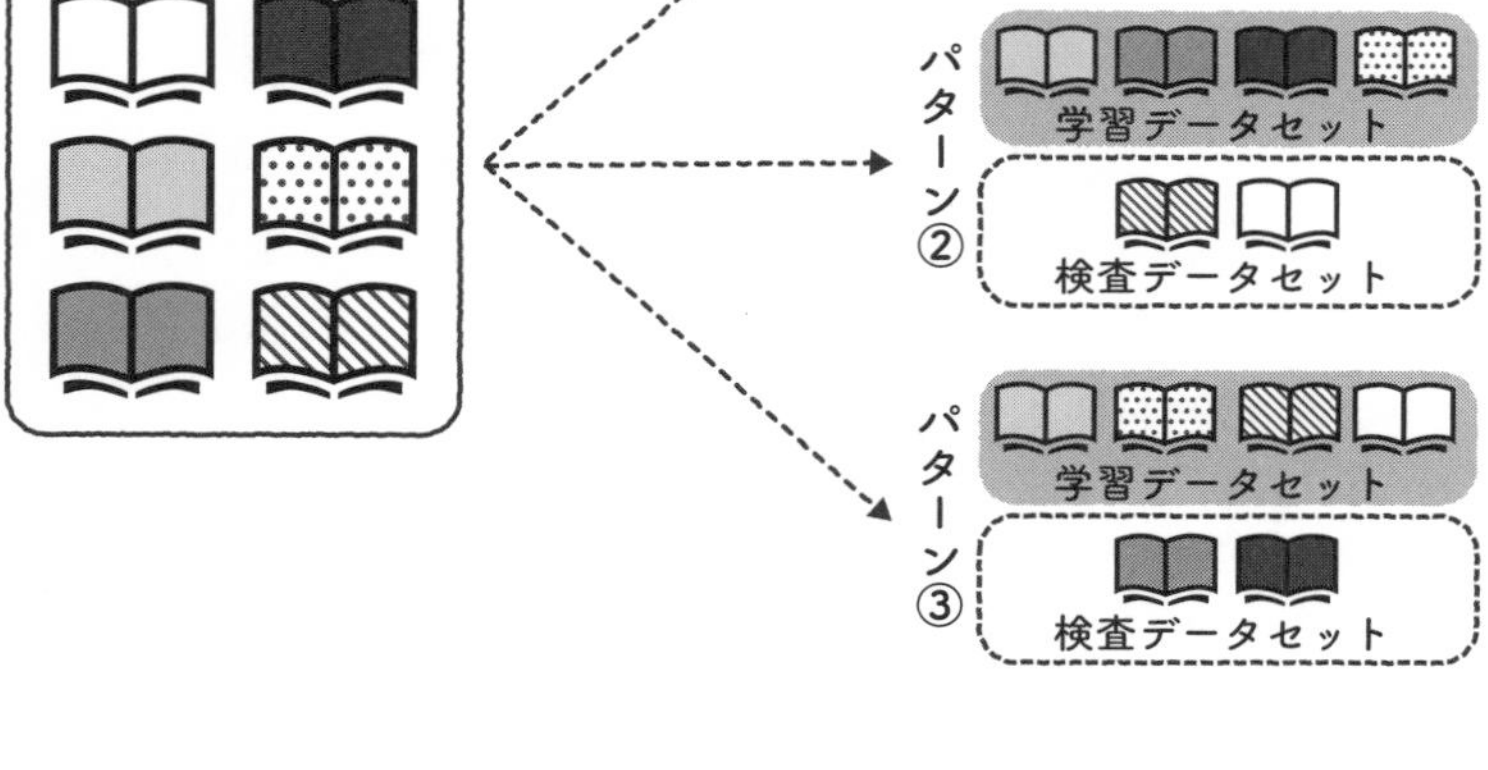

さて、ここまでは集めたデータをどのように分割するかという話をしてきましたが、データの集めかたによっても学習のしかたに違いが生まれます。

データを集める際にまとめてデータが手に入るのか、あるいは時々刻々とデータが手に入るのかによって学習のしかたが異なってきます。株価の例でいえば、一定期間の株価に関するデータをまとめて学習するのか、あるいは毎日の結果を少しずつ学習するのかでやりかたが異なります。

前者のような学習を**バッチ学習**と呼び、後者を**オンライン学習**と呼びます。バッチ学習は試験前の一夜漬け、オンライン学習はコツコツと予習復習をするようなイメージです。この二種類の学習のしかたが異なるのは、なんとなくわかりますね。

まとめ

- 教師あり学習には、学習データセットと検査データセットが必要。
- 偏りなく学ぶための方法の一つに、k分割交差検証法がある。
- 教師あり学習には、一気に学ぶバッチ学習と、コツコツ学ぶオンライン学習がある。

自力で学習を進めよう ─教師なし学習─

教師なし学習は、学習データセットに正解となる教師データ（ラベル）が含まれない場合にも、自分で勝手に学習を進めることのできる学習方法です。

正解を教えてもらえないのに学習ができるのは、学習の方法そのものに学習の方針が埋め込まれているからです。機械学習における教師なし学習と類似の方法に、統計学における**クラスター分析**や**主成分《しゅせいぶん》分析**があります。これらの手法では、機械学習における教師なし学習と同様に、正解がわからなくても学習を進めることができます。

統計学と機械学習は、「多くのデータから何かを見つけだす」という性質が一致しています。そのため手法にも類似のものが多く存在します。ややこしくなるので今回は詳しい説明を省きますが、機械学

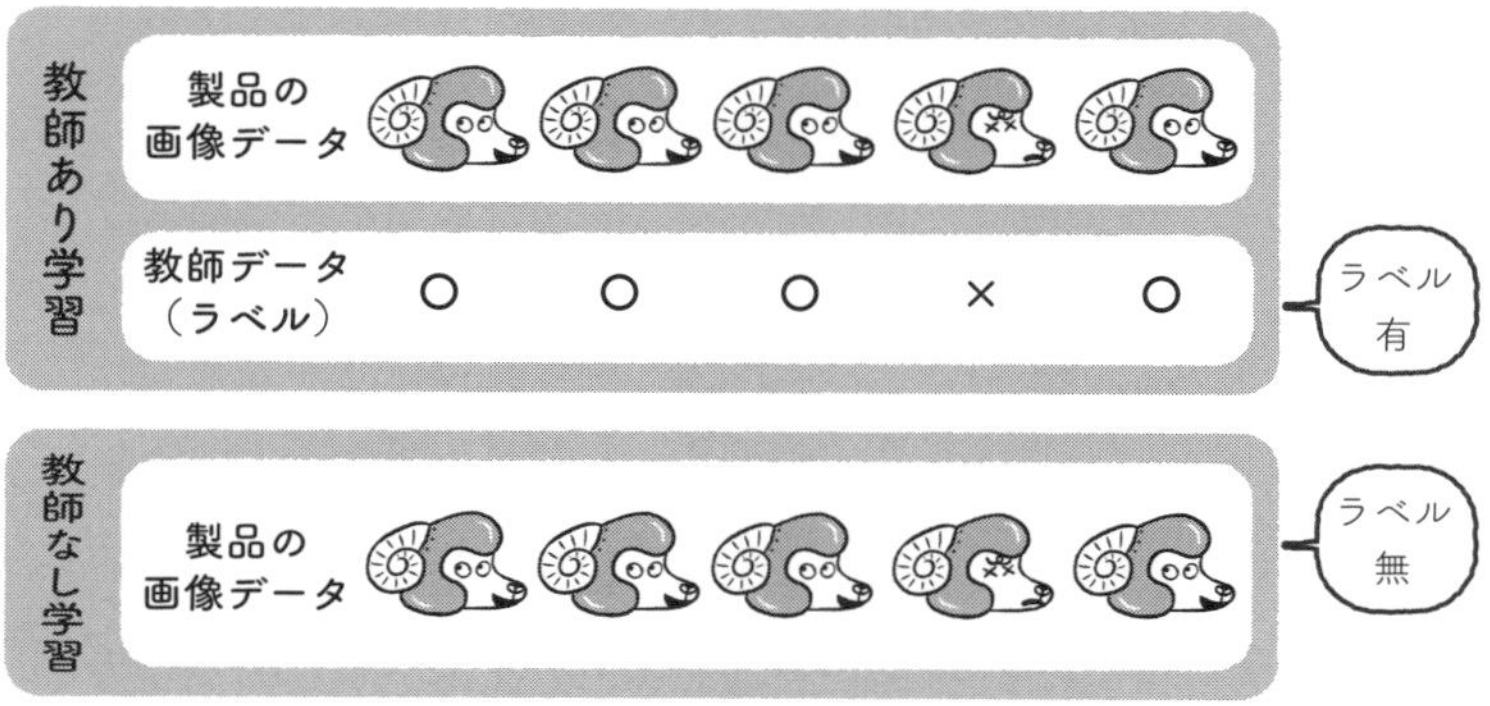

習を学んでいく過程で統計学はたびたび登場する、ということだけ覚えておいてください。統計学は初歩的な本がたくさん出ているので、興味のある人は読んでみるとよいでしょう。

さて、教師あり学習に「K分割交差検証法」「バッチ学習」「オンライン学習」などがあったように、教師なし学習にもさまざまな手法があります。その例が自己組織化マップや自己符号化器（オートエンコーダー）です。

自己組織化《じこそしきか》マップは、学習データを与えると自動的に似た者どうしをまとめて分類してくれる学習手法です。神経回路の街（六章）で説明するので、ここでは割愛します。

自己符号化器《じこふごうかき》（オートエンコーダー）は、学習データを与えると学習データとまったく同じものを出力する仕組みです。これまで出てきた例では、「いろんな画像を入力すると、良品か不良品かに分類して出力する」など、

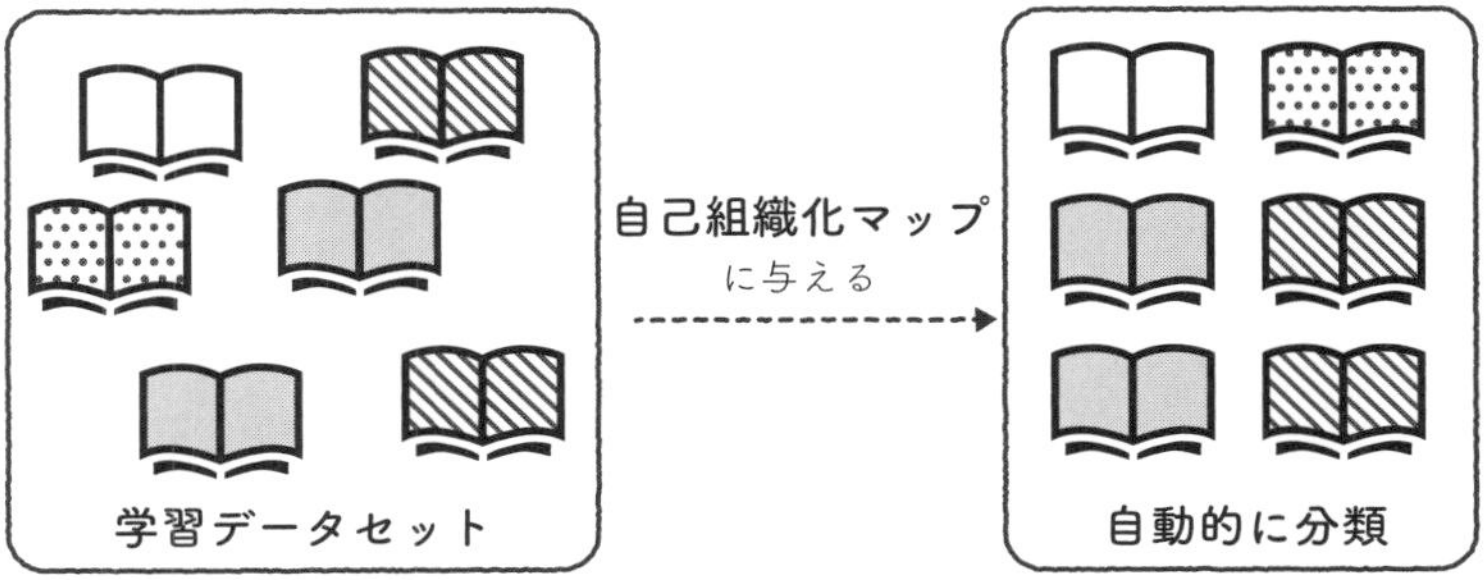

入力と出力は違うものでした。入力と出力がまったく同じでは使いものにならないように思いますが、入力してから出力されるまで、何もしていないわけではありません。過程ではさまざま変換処理がなされており、そこから学習データセットの特徴を学習しています。こうして得られた特徴を知識として利用することが自己符号化器の目的です。

まとめ

- 教師なし学習は、ラベルのない学習データセットを使う。
- 教師なし学習には、自己組織化マップや自己符号化器などがある。
- 自己組織化マップは、似ているものを自動的に分類するための手法。
- 自己符号化器は、入力と同一のものを出力するもの。

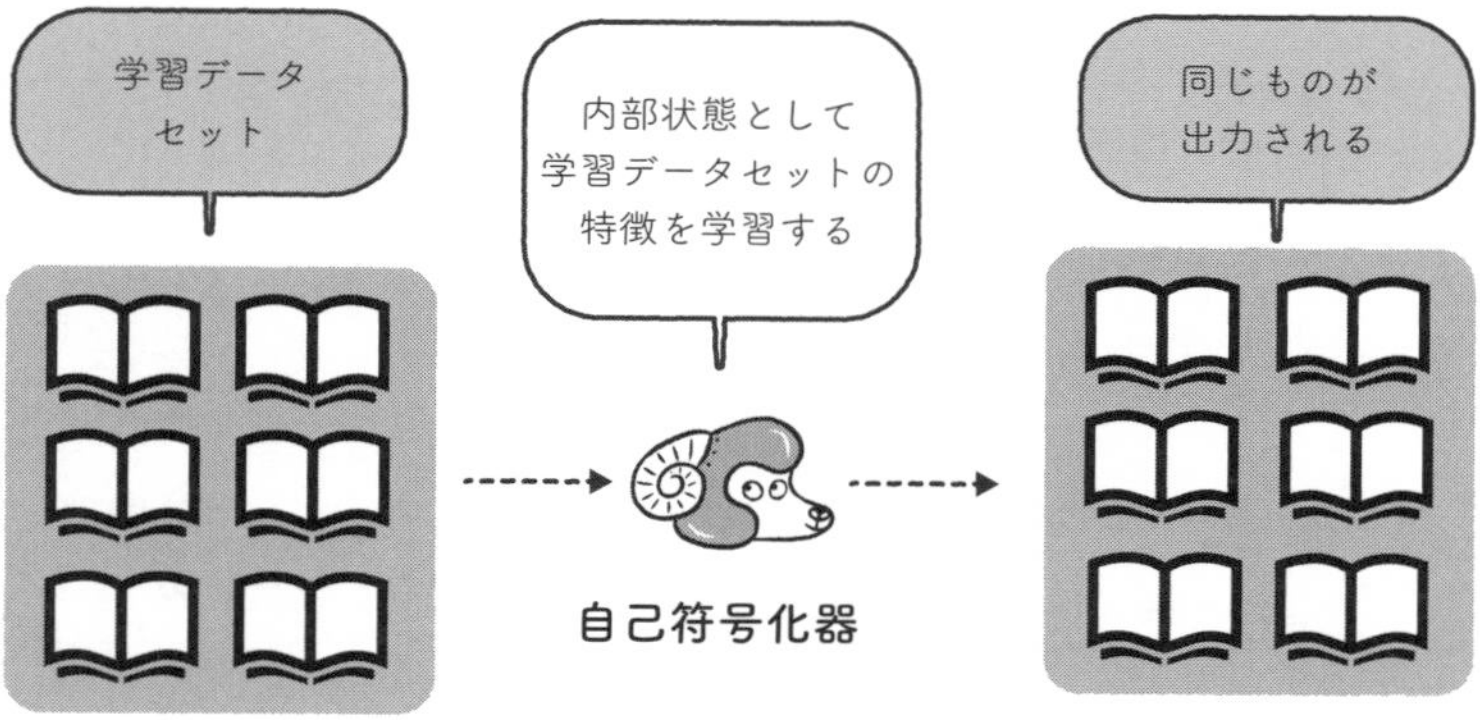

学習データセット
内部状態として学習データセットの特徴を学習する
同じものが出力される
自己符号化器

試行錯誤の経験から学習しよう－強化学習－

強化学習は、一連の行動の末に評価が得られるような場合によりよい行動を学習できる手法です。たとえば囲碁や将棋の対戦知識を機械学習する場合、教師データとして一手一手に対する評価を与えるのではなく、対局結果の勝ち負けを手掛かりに学習を進めます。

将棋を例にして、強化学習の方法を説明します。まずゲームの知識を与えてから、とりあえずルールに従ってプレーできるようにプログラムを設定します。この段階ではルールには従っているものの、まったくでたらめに指し手を決定するため、ほとんどの場合は相手に勝つことはできません。

しかし、ごくまれには相手に勝てる場合があるでしょう。勝利した際に、自分が指した一連の手順に対してご褒美となる得点を与えます。以降はこの得点を考慮して指し手を決めていきます。

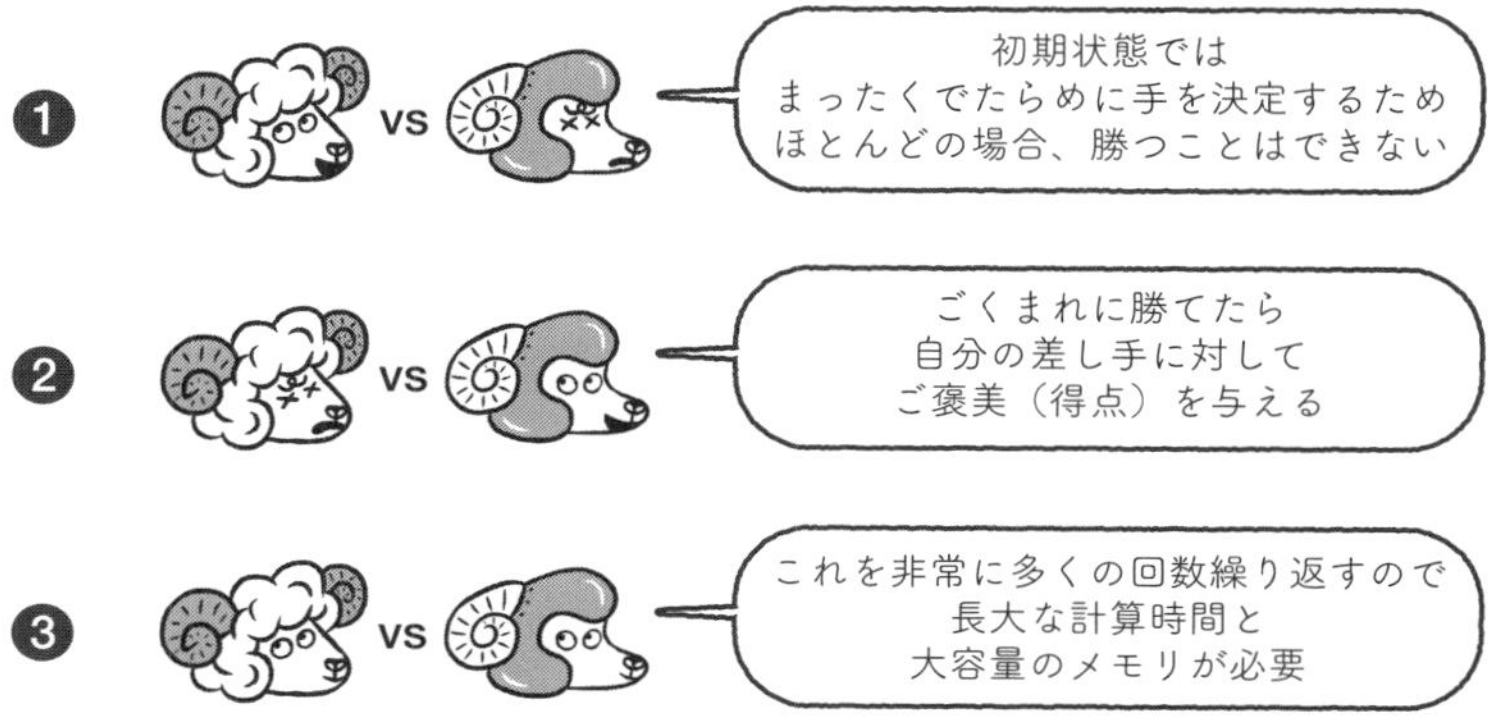
❶
vs
初期状態では
まったくでたらめに手を決定するため
ほとんどの場合、勝つことはできない
❷
vs
ごくまれに勝てたら
自分の差し手に対して
ご褒美（得点）を与える
❸
vs
これを非常に多くの回数繰り返すので
長大な計算時間と
大容量のメモリが必要

これを非常に多くの回数繰り返すと、わずかずつではありますが、将棋の知識が改善されていきます。そして最後には、人間を打ち負かすまでの実力を手に入れることができます。強化学習は、教師あり学習のように人間があらかじめ知識を用意する必要がありません。一方、学習には多くの回数の繰り返しが必要となり、長大なコンピューターの計算時間と大容量のメモリが必要となります。たとえば、ハイスペックなコンピューターで何日も計算しなければならなかったりします。俗っぽいことをいえば電気代もかなりかかります。教師データを用意しなくてよいのは利点ですが、大規模な学習を気軽に実行するのはちょっと難しいですね。

教師あり学習や教師なし学習と同様に、強化学習にも「モンテカルロ法」や「Q学習」など、さまざまな手法があります。これらについては、試行錯誤の街（五章）を案内するときに詳しく説明します。

まとめ

- 強化学習は、一連の行動に対する評価から学習を行う。
- 強化学習は試行錯誤から学習するため、膨大な計算時間と大容量のメモリが必要となる。
- 強化学習には、「モンテカルロ法」や「Q学習」などがある。

COLUMN

いろんな機械学習

ここまで説明してきたように、機械学習には、教師あり学習、教師なし学習、強化学習などの方法がありますが、それ以外の学習方法も提案されています。

たとえば、**半教師《はんきょうし》あり学習**という方法があります。半教師あり学習は、言葉のとおり教師あり学習と教師なし学習の中間のような学習方法で、正解のわかっているデータと正解のわからないデータが混ざったデータセットを扱います。

教師あり学習のように正解のわかっているデータで学習を進めてから、学習した知識を使って正解のわからないデータにラベルを与えていきます。与えたラベルのうち信頼性の高いものだけを利用して、再度教師あり学習と同じ方法で学習を進めます。これを繰り返すことで、正解を自分で決めながら学習を進めます。

半教師あり学習を用いると、正解がわかっている事例が少ないデータに対しても学習を進めることができます。たとえば製品の不良品検査において、明らかな不良品として見つけたデータとともに、過去に見逃してしまったため不良品であったかどうかわからないデータも使って機械学習を行うことができます。

他にも、**マルチタスク学習**は複数の異なる学習課題を一度に学習する手法です。これにより、学習の精度が向上する場合があります。教師あり学習・教師なし学習・強化学習以外にも、機械学習にはさまざまな種類があるということですね。

学習した知識を役立てよう－汎化・タスク・アルゴリズム－

ここまで「機械学習は学習データセットから特徴を抽出する技術」だと学んできました。ここで一つ意識しなくてはならないことは、ここで学ぶ「特徴」とは、学習データセットのみで通用する特徴ではなく、他の未知のデータに対しても通用するような汎用的な特徴だということです。

機械学習では、限られた分量の学習データセットから、いつでも成り立つような汎用的な知識を抽出しなければなりません。これを**汎化**《はんか》といいます。汎化とは「一を聞いて十を知る」能力です。

汎化の能力はあらゆる機械学習において重要です。たとえば前日までの気象条件から次の日の天気を予測する場合を考えましょう。過去の気象データを学んで、過去すべての場合について気象条件を入力すれば一〇〇%正解の天気を出力できる知識を得たとします。しかし、この知識では必ずしも一〇〇%当たる天気予報ができるわけではありません。なぜなら、過去の気象の状態とまったく同じ状態が再現されることがありえないからです。将来発生する気象の状態は、必ず過去とは少し異なる状態となります。

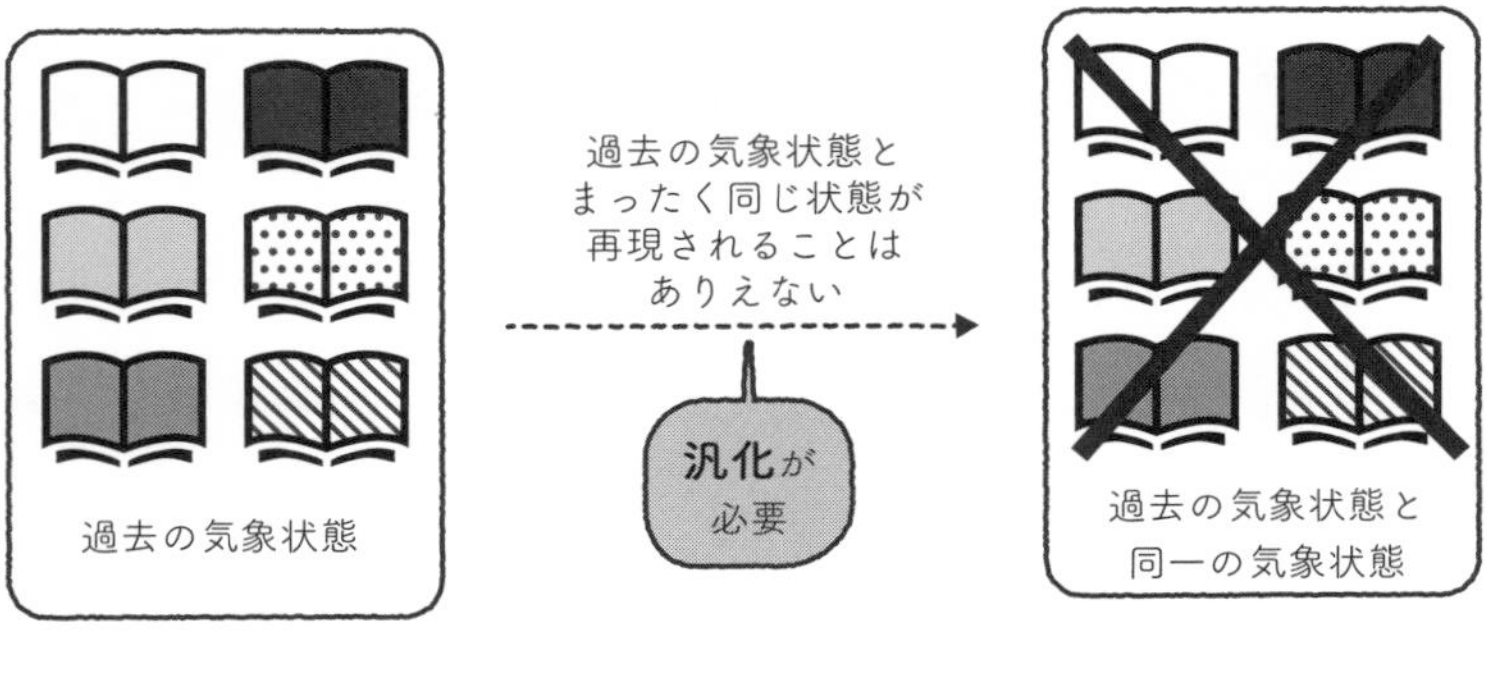
過去の気象状態
過去の気象状態とまったく同じ状態が再現されることはありえない
汎化が必要
過去の気象状態と同一の気象状態

そこで汎化によって「まったく同じでなくても、似たような状況に対しては正しい予測ができる」ような知識を得る必要があるのです。

◆

「汎化によって何ができるようになるか」は、**タスク**によって異なります。タスクとは、一般的には「やるべきこと」や「作業」などを意味します。たとえば明日提出のレポートがある場合、その日のタスクはレポートの作成となります。

機械学習で「タスク」といった場合、それは「機械学習で解決すべき課題」もしくは「機械学習によって実行されること」を指します。さきほどの天気予報の例では、次の日の天気を予測しなければならないのでタスクは「**予測**《よそく》**（回帰**《かいき》**）**」となります。また、教師あり学習のところで挙げた検品の場合は、良品と不良品に分けるので、タスクは「**分類**」となります。

機械学習は、汎化によってさまざまなタスクを実行できるようになります。機械学習の代表的なタスクは、さきほど述べた分類と予測の他に、似た性質をもつグループを作る**クラスタリング**などがあります。一般に、分類と回帰は教師あり学習、クラスタリングは教師なし学習のタスクです。

◆

さて、機械学習の国は、タスクやアルゴリズムを象徴する複数の国が組み合わさってできています。さきほどもちょっと出てきた言葉ですが、**アルゴリズム**とは、広い意味では「問題を解決する方法や仕組み」を指す言葉です。もう少し狭い意味では、「計算方法」や「課題解決の手順」を指します。

機械学習では、タスクに応じてさまざまなアルゴリズムを用いて学習を行います。たとえば「強化学習の手法の一つ」として紹介した「モンテカルロ法」や「Q学習」などはアルゴリズムの一つです。具体的に想像しづらいかもしれませんが、ひとまず「そういうものなんだな」と思っておいてください。街を進んでいくごとに、なんとなくイメージが掴めてくるはずです。

まとめ

- 汎化とは、抽出された知識を学習データセット以外に適用できる汎用的な知識にすること。
- 汎化によって、さまざまなタスクを実行できるようになる。
- タスクを実行するために、さまざまなアルゴリズムで学習を行う。

学習のしすぎに注意！　－過学習－

さて、汎化を妨げる一つの要因に**過学習**《かがくしゅう》があります。過学習とは、学習データセット内の偏りや誤差が原因で、特定の学習データセットだけに含まれる特徴を一般的な特徴として学習してしまう現象です。大多数のデータにはない特徴を学んでしまうので、過学習によって得られた知識は誤った知識になってしまいます。

たとえば羊の写真から羊の特徴を学習するとき、たまたま学習データセットに毛並みが茶色い羊ばかりが含まれていたとします。このとき、羊の特徴として茶色いことが知識として抽出されてしまいますが、これは羊の一般的な性質ではありません。

過学習を防ぐには、学習データセットの数を増やしたり、学習結果が複雑になりすぎないよう学習方法や知識の表現方法を調節したりするなどの対策が必要です。教師あり学習のところで述べたK分割交差検証法は、過学習を防ぐための手法の一つです。

まとめ

・過学習は、特定のデータセットにのみ適応しすぎてしまった状態のこと。

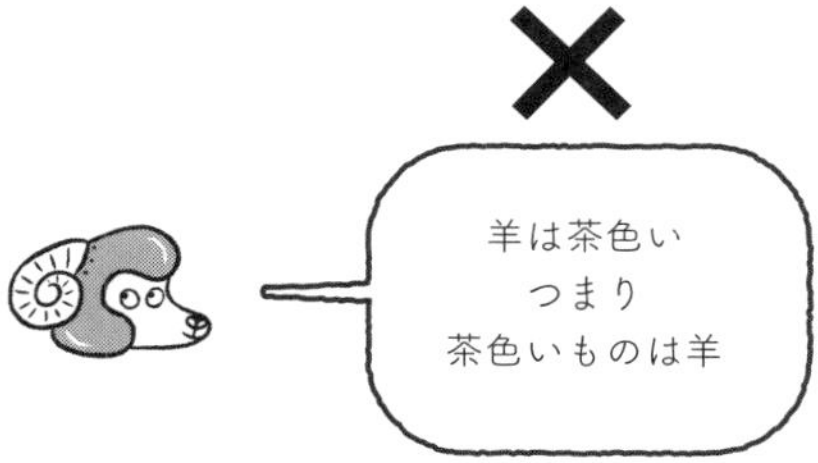

アプリのつぶやき

ここまでの内容を簡単に整理しておきましょう。

機械学習は人工知能の一分野で、データの集まりから汎用的なパターンを抽出する技術です。そして機械学習のなかにも、教師あり学習・教師なし学習・強化学習という大きな三つの分野があります。これらは学習のしかたが異なり、得意とするタスクにも違いがあります。タスクはさまざまなアルゴリズムによって実行されますが、その学習の際は、汎化や過学習について注意を向ける必要があります。

これから巡る機械学習の国は、さまざまなタスクやアルゴリズムを象徴する複数の街からできています。実際に街に入っていく前に、これから紹介するさまざまなタスクやアルゴリズムと、ここまで説明してきた学習の種類の関係をざっくりと表にしておきましょう。次のページ下部にある表を見てください。

この本のなかで紹介するアルゴリズムについては、かっこ書きでどの章で紹介するかを示しています。タスクはおもだったものを示しており、これ以外の目的で各種アルゴリズムが使われることもありますが、得意分野の紹介だと思ってください。

この表の意味は、いまはまだわからなくても問題ありません。この本を読み終わったあとに再度眺めてみたら、なんとなく全体像を掴めることでしょう。

第三章以降は、実際にコンピューターがタスクをこなすために使われる代表的なアルゴリズムが多数出てきます。

いよいよ機械学習の国を構成するさまざまな街を実際に見ていきましょう。

学習の種類	タスク	アルゴリズム
教師あり学習	分類 回帰	・k 近傍法（第三章） ・決定木（第三章） ・サポートベクターマシン（第三章） ・ニューラルネットワーク（第六章、第七章）
教師なし学習	クラスタリング 情報圧縮	・自己組織化マップ（第六章） ・自己符号化器（第二章） ・k 平均法
強化学習	経験からの知識獲得	・モンテカルロ法（第五章） ・Q 学習（第五章）
その他	最適化	・進化的計算（第四章） ・群知能（第五章）

COLUMN

オッカムの剃刀とノーフリーランチ定理

機械学習の世界には、面白い名称の定理や法則がいくつかあります。そのなかで、ここではオッカムの剃刀とノーフリーランチ定理を紹介しましょう。

オッカムの剃刀《かみそり》とは、**同じ性能の知識ならば、なるべく単純なほうがよい**とする経験則です。学習データセットを同じように説明できる知識が二つあって、片方が他方より単純ならば、単純なほうがよい知識であるとします。オッカムは十三世紀から十四世紀に活躍した哲学者で、彼の残したこの経験則は機械学習の世界でも広く適用されています。

ノーフリーランチ定理《ていり》は、**すべての分野・用途に対して最適な結果を与える機械学習の手法は存在しない**とする定理です。機械学習にはさまざまな手法がありますが、それぞれ得手不得手があり、全体としてはどれも同じ性能となることを意味します。対象分野や学習データの性質ごとに、異なる手法を選択する必要があるのです。

ノーフリーランチという言葉は、ホテルなどのサービス施設で昼食無料（フリーランチ）をうたっている場合でも、実はその費用はなんらかの形で請求されているという経験的知識に由来します。どんな方法をとっても結局損得なしであるというところから、この言葉が選ばれたのでしょう。

第 三 章

分類の街

―k近傍法とSVMと決定木―

並べかたで分類しよう ― ｋ近傍法 ―

まずは「分類の街」を見ていきましょう。ここは分かれ道がたくさんある、森の中の街です。

街の名前にもなっている**分類**について復習しておきましょう。分類は機械学習が得意とするタスクの一つで、以前例として挙げた良品と不良品のしわけなどは典型的な例です。この街は、いろんな方法で対象をどんどん分類していきます。分類のアルゴリズムとして紹介するのは、ｋ近傍法とＳＶＭと決定木です。

k《ケー》近《きん》傍《ぼう》法《ほう》は、決まりに従って学習データを並べることで特徴を表現する分類知識の学習方法です。こういわれてもわかりづらいでしょうし、具体例で考えてみましょう。

ある自転車が大人用か子ども用かを分類する問題を考えます。ｋ近傍法では対象物の性質をいくつかの数値で表現します。これらの性質を**属性《ぞくせい》**と呼びます。自転車の分類の問題では「自転車のサドルの高さ」と「タイヤの直径」を属性としましょう。

子ども用

大人用

大人用自転車には、サドルが高くてタイヤが大きいものが多いでしょう。逆に子ども用自転車であれば、サドルが低くてタイヤは小さい自転車が一般的です。しかし、なかにはサドルが高いのにタイヤの小さい大人用自転車もありますし（ミニベロなどが代表例ですね）、子ども用にしてはずいぶんタイヤの大きい自転車もあるかもしれません。こういったちょっと一般的な傾向から外れるものも、きちんと属性を記録しましょう。

ｋ近傍法では、個々の自転車の属性をもとにグラフを作成します。自転車の分類の例では、サドルの高さとタイヤの直径の二つの属性に従って下図のようなグラフを作ります。このグラフがｋ近傍法における**分類《ぶんるい》知識《ちしき》**です。

さて、分類対象として大人用か子ども用かわからない自転車が与えられたとします。この自転車を分類するには、次ページのグラフのように、グラフ内に未分類の自転車（★で示したもの）を書き加えます。そして、その近く（近傍）にどんな自転車があるかを調べます。次ページのグラフでは、未知の自転車としてAとBを書き加えています。すると、Aの近くには大人用の自転車が多く、Bの近くには子ども用の自転車が多く存在することがわかります。そのためAは大人用、Bは子ども用であると分類することができます。

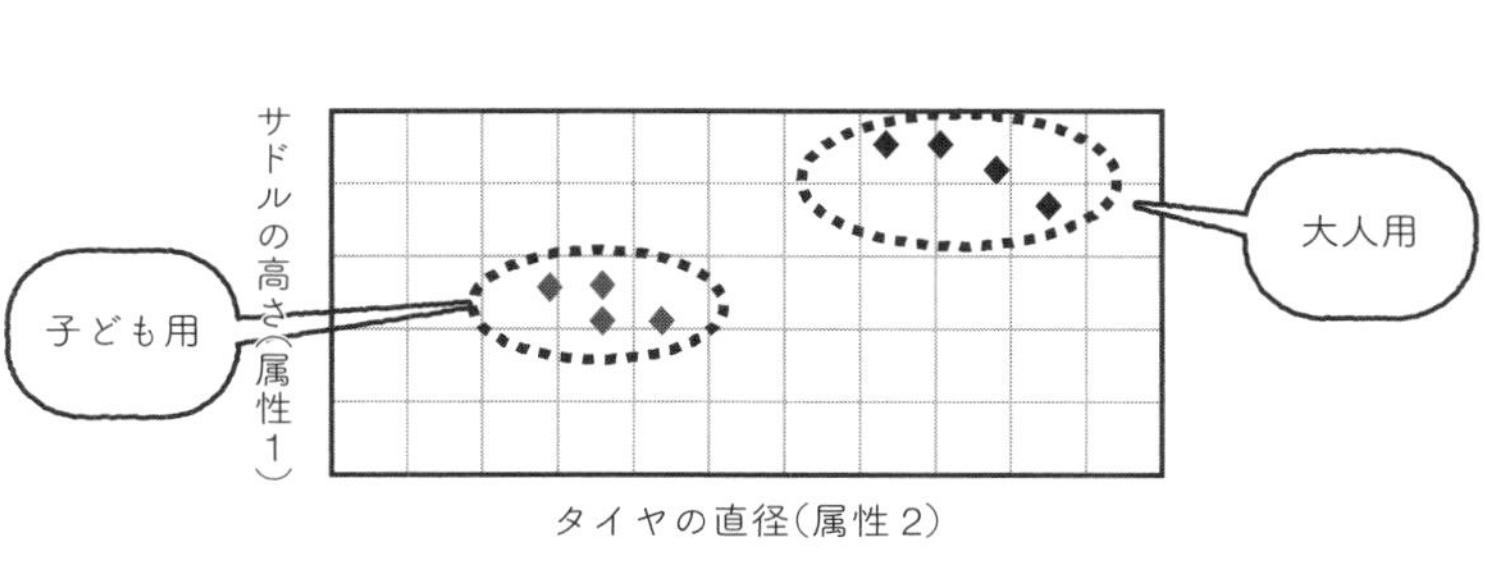

このようにk近傍法では、グラフ上で近くにあれば同じグループだと判断します。だからk「近傍」法というのですね。もう少し数学的な表現をすると「確率に従って分類している」といえます。大人用が多く分布している場所の近くにあるので、大人用である確率が高い、ということですね。

k近傍法は直感的でわかりやすい方法ですが、学習データの件数が増えてくると学習データを格納するために多量のメモリが必要になるという欠点があります。また、学習データの増加に伴って、分類の計算にも非常に手間がかかってしまいます。たくさんメモリを積んでいるコンピューターと、時間が必要だということですね。

まとめ

- k近傍法は、データ分類の考えかた（アルゴリズム）の一つ。
- 対象物の性質を表現する数値データのことを、属性と呼ぶ。
- k近傍法は、属性が近しいものは同じと考えデータを分類する。

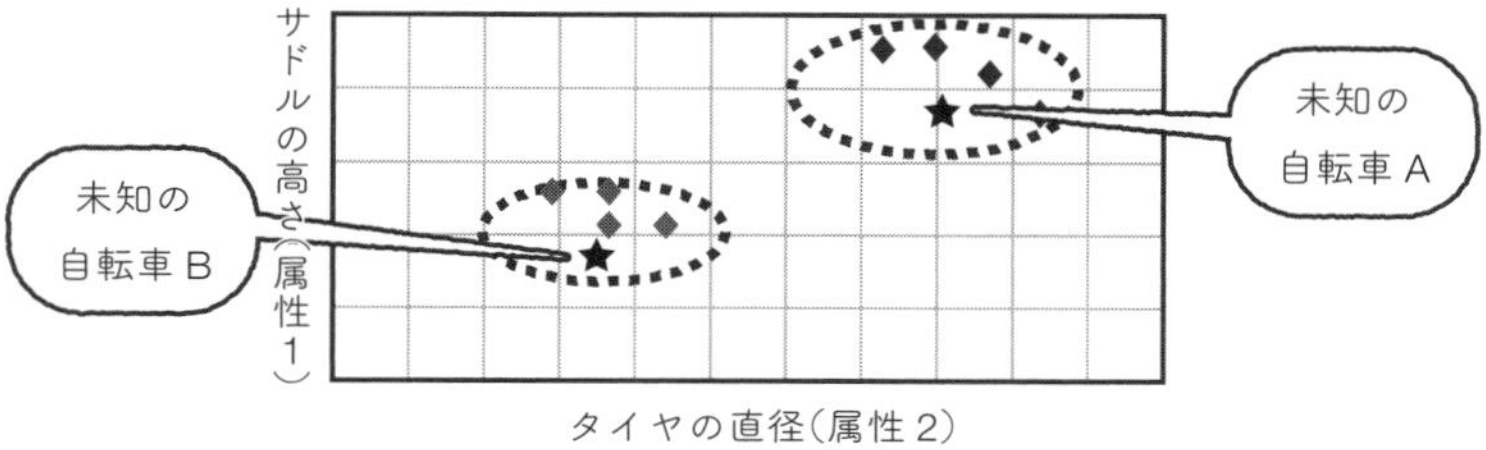

一刀両断、スパっと分類！　−サポートベクターマシン−

大人用自転車と子ども用自転車の分類について、他の方法を考えてみましょう。サドルの高さとタイヤの直径の二つの属性に従って作ったグラフを見ると、大人用と子ども用の自転車はグラフ上にそれぞれハッキリ分かれて配置されています。このような状態を、直線で二つに分けることができるという意味で**線形分離《せんけいぶんり》可能《かのう》**といいます。

線形分離可能な場合、両者を区切るような直線をグラフ上に引くことができるので、未知の自転車が大人用か子ども用かという分類は、この直線を挟んでどちら側に配置されるかによって判断することができます。

では、この直線はどうやって引けばいいのでしょうか？　あとで分類に利用することを考えると、大人用と子ども用をなるべくはっきり区別できるように、両者のちょうど真ん中に線を引くのがよさそうです。そこでグラフ上のデータ点のうち、区切りの線に一番近くなってしまう点を選んで、この点から最も離れた場所に線を引くことにします。これを**マージン最大化**といいます。このようにして区切りの線を計算する方法を、**サポートベクターマシン**（Support Vector Machine、**SVM**）と呼びます。

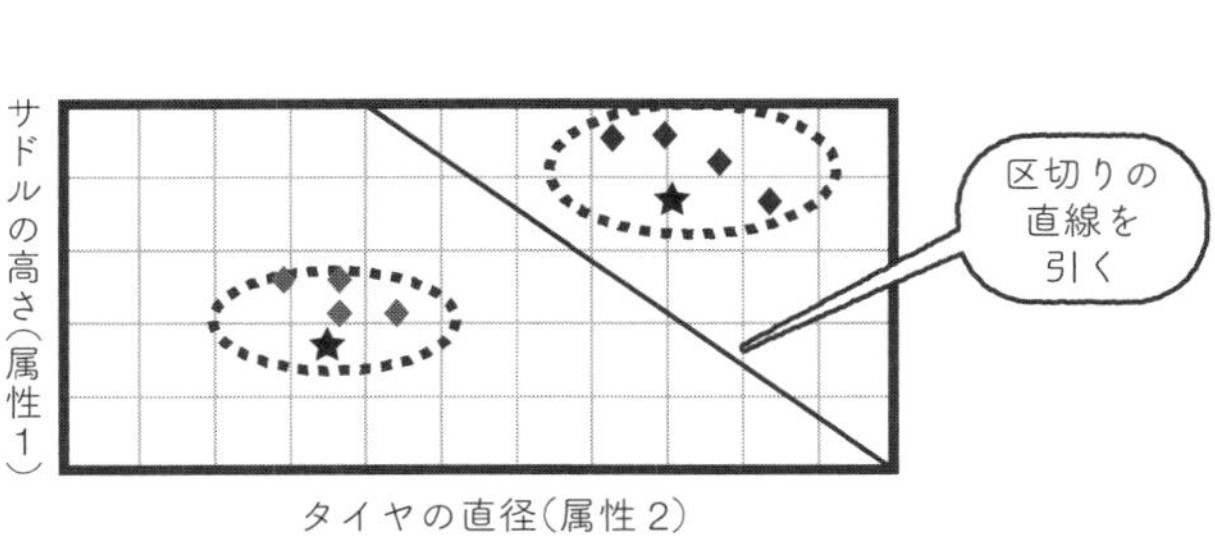

サポートベクターマシンは、優れた分類性能を発揮することで知られています。さらに、属性の個数が三個以上になりグラフがもっと複雑になっても、決められた計算手続きを適用することで区切りの線を求めることができます。属性が二個ならグラフは平面ですが、属性が三個ならグラフが空間になってしまします。すると区切りは「線」ではなく「平面」になりますが、サポートベクターマシンなら区切りの平面を見つけることができます。属性の個数が四個以上になるとグラフは空間を超える「超空間」になりますが、それでも対応可能です。

そのうえ、サポートベクターマシンは一見すると区切りが見つけられないような場合、つまり線形分離可能でないような場合についても、適当なデータ変換を施すことで区切りの線を見つけることが可能です。こうしたことから、サポートベクターマシンはさまざまな分類問題で利用されています。

まとめ

・サポートベクターマシンとは、属性に従って物事を二つに分類する方法のこと。
・分類の区切りの線は、マージンを最大化することで求める。
・サポートベクターマシンは性能のよい分類器であり、広く応用されている。

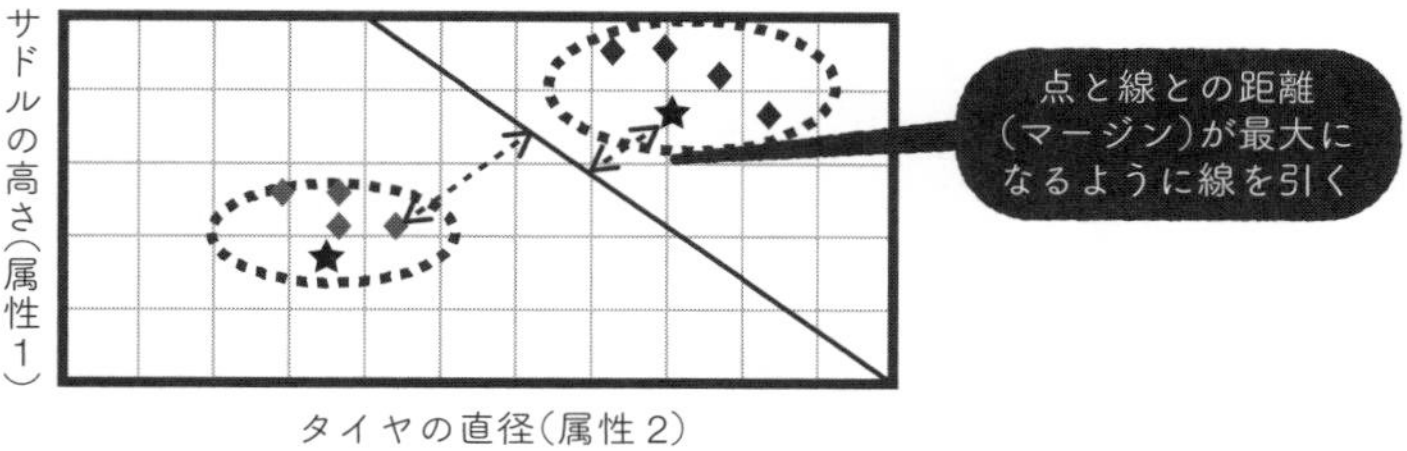

○と×で分類しよう－決定木－

もう一つ分類のアルゴリズムを紹介しましょう。

何かを分類するには分類のための知識が必要です。k近傍法の分類知識は、属性と呼ばれる数値データから作ったグラフでしたね。

分類知識として最も基本的なものは、対象が二つのカテゴリーのうち、どちらが相応しいのかを決定する知識です。要するに、あるものが与えられたら、それが○か×かを決定する知識です。

あるものの分類を二者択一で決定する知識を、**分類株**《ぶんるいかぶ》(decision stump)と呼びます。たとえばスマートフォンの分類知識で「iOSを使っているスマートフォンはiPhoneです」という知識があったとすると、これは一種の分類株だといえます。この知識を使うと、下の右側の図のようにスマートフォンをiPhoneとそれ以外に分類することが可能です。しかし一つの分類株だけでは、分類の能力はきわめて限られています。この例でいえばiPhoneとそれ以外を見分けることはできますが、iPhone以外のスマホをさらに分類することはできません。そこで分類株を複数組み合わせて、より複雑な分類ができるような構造を作成します。このような構造を**決定木**《けっていぎ》と呼びます。

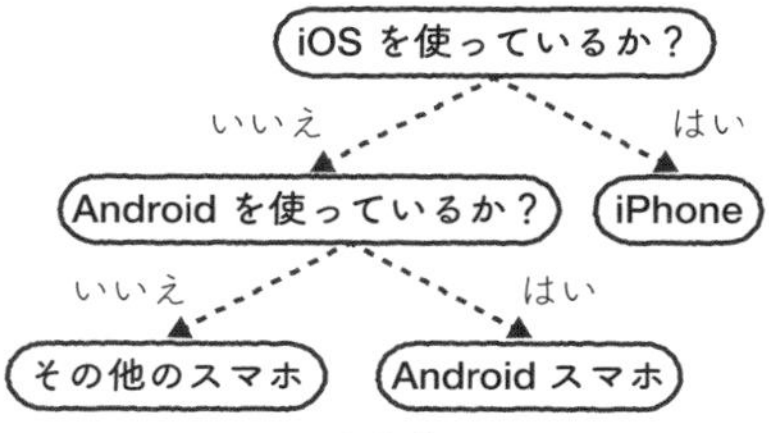

決定木

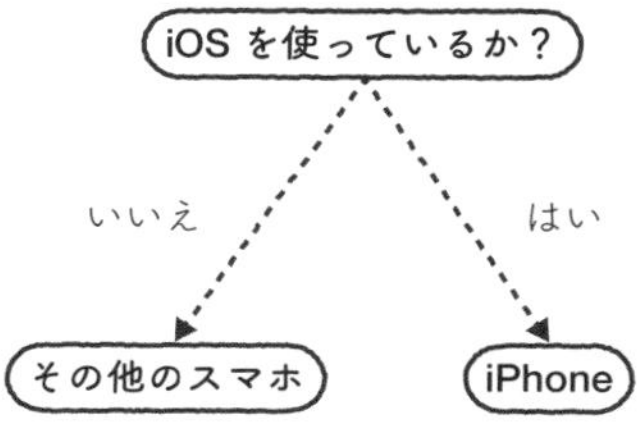

分類株

前ページの左側の図は決定木の例です。この決定木は、与えられたデバイスがiPhoneかAndroid OSのスマートフォンか、あるいはそれ以外の携帯端末かを判断します。

この街が分かれ道ばかりなのは、分類の街だからです。こうやって分岐点を進むことによって、私たちも自然と分類されているんですね。「知りたいな」と思う方向に進んでいけば、ちゃんと次の街に行けるようになっています。

さて、決定木で表された知識は、実は他の方法でも表現することができます。たとえば下の表は、さきほどの決定木と同じ内容を表現しています。この表と決定木の図はどちらも同じ内容の知識を表現しているので、どちらを使っても同じ分類ができます。しかし表のほうは、決定木よりちょっとわかりづらく感じますよね。人間が知識を読み解く場合には、決定木のほうがはるかに読みやすいという特徴があります。

まとめ

・二者択一であるものを分類する知識を、分類株と呼ぶ。
・分類株が組み合わさったものを、決定木と呼ぶ。

	iOS	Android	結論
①	はい	いいえ	iPhone
②	いいえ	はい	Android スマホ
③	いいえ	いいえ	その他のスマホ

決定木の作りかた

決定木で分類を実現するには、当然あらかじめ決定木を作成しなければなりません。決定木の作りかたを考えてみましょう。

決定木を作るには分類の手掛かりとなる属性が必要です。決定木では、属性に関する質問によって与えられたモノの分類を進めます。そこで、まず分類に利用できる属性を決定し、学習データに含まれる個々の事例に属性を割り当てます。その後、属性を利用して学習データの分類を進めます。

決定木の構造は属性を利用する順番を決めることで定まります。そこで最初にどれか一つ属性を選んで、それに基づいて学習データセットを分類します。次にまだ使っていない属性を利用して、さらに分類を進めます。これを繰り返してすべての学習データセットを正しく分類できたら、決定木が完成します。もしすべての属性を使っても分類が終わらないならば、決定木の作成に失敗します。この場合には、さらに属性を増やす必要があります。

以上の手続きをまとめると、次のように書き表せます。

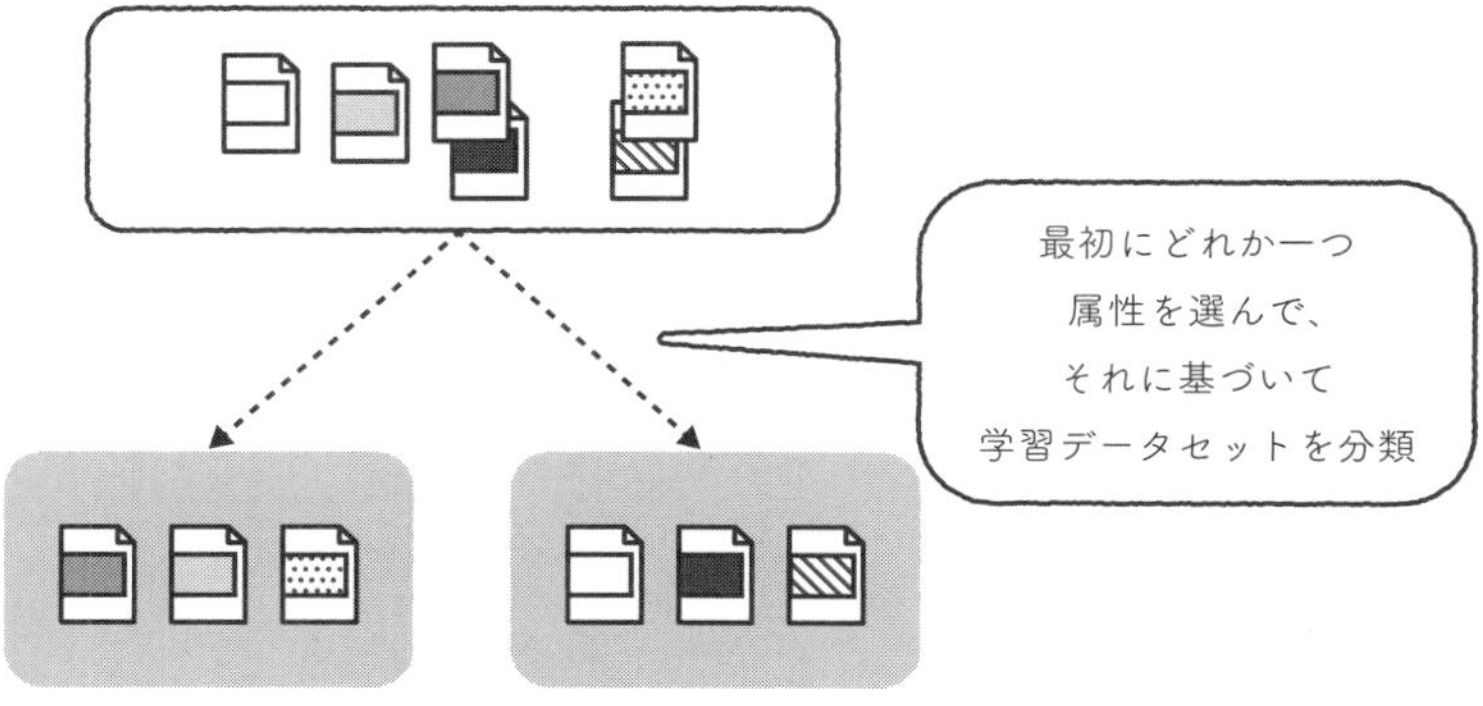
最初にどれか一つ
属性を選んで、
それに基づいて
学習データセットを分類

決定木作成手続き

❶ 適当な属性を利用して、学習データセットを分類する
❷ もし分類に使える属性がなければ、作成を失敗して終了する
❸ まだ使っていない属性を利用して、❶と❷の工程を繰り返す

この手続きでは、先にどの属性を選ぶかによって決定木の構造が変化します。決定木は、同じ分類能力であれば単純でコンパクトなほうが優れています（オッカムの剃刀ですね！）。そこで決定木の作成においては、生成される木の構造を評価しながら、単純でコンパクトな木が生成されるように木の成長を制御します。

この街が分岐点と木で溢れている理由が、ここまでの説明でなんとなくわかったのではないでしょうか？

まとめ

・決定木は、分類するための属性を使用する順番によって定まる。
・同じ分類能力をもつ決定木なら、単純なほうが優れている。

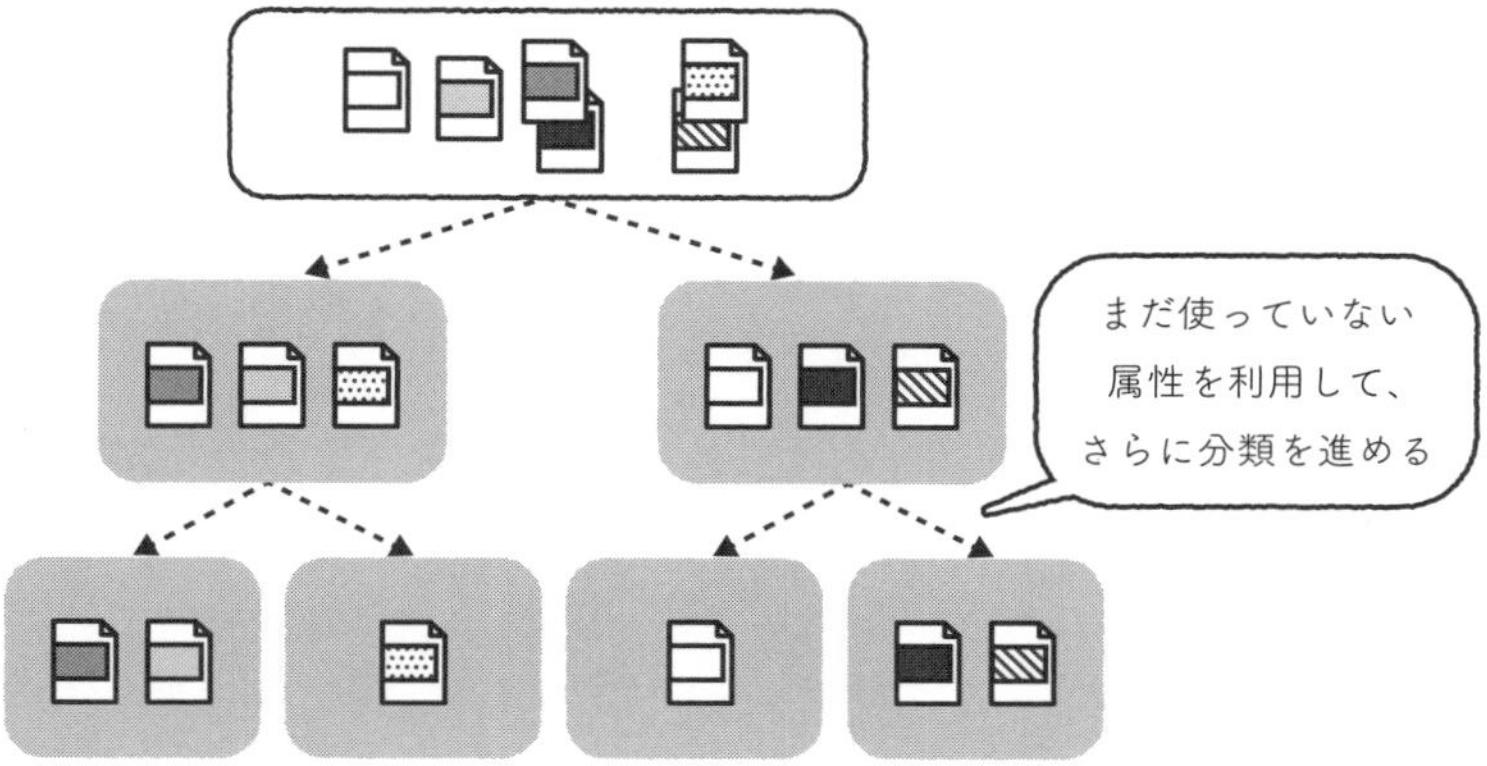
まだ使っていない
属性を利用して、
さらに分類を進める

たくさんの決定木の森－ランダムフォレスト－

分類知識を表現する方法として、単一の知識を用いてものごとを二つに分類する分類株や、分類株を組み合わせてより複雑な判断を実現する決定木がありました。それでは決定木を組み合わせて、たくさんの決定木の茂る「森」にしたらどうなるのでしょうか？　実はこの「森」は、**ランダムフォレスト**と呼ばれています。

ランダムフォレストは、ある問題を解決する決定木を複数作成し、それらを組み合わせて利用することで問題解決の精度を向上させる手法です。ランダムフォレストの生成においては、学習データセットを適当な方法で分割して、それぞれのデータセットに対して決定木を作成します。作成したランダムフォレストを利用する際には、ランダムフォレストを構成するそれぞれの決定木の判断結果を総合して、たとえばそれらの多数決によって結論を導きます。

ランダムフォレストは**アンサンブル学習**と呼ばれる学習手法の代表例です。アンサンブル学習とは複数の異なる学習結果に基づく判断を総合することで、より的確な判断を下す手法の総称です。

分類株　　決定木　　ランダムフォレスト

アンサンブル学習が有効に働くためには、個々の判断がそれぞれ少しずつ異なる傾向をもつことが重要であり、そのためにはそれぞれの学習においてなるべく性質の異なる学習データを用いることが必要です。その結果、「三人寄れば文殊の知恵」という慣用句のとおり、より精密な判断を下すことが可能となります。

◆

ここまでの内容を整理してみましょう。

アンサンブル学習の一つとしてランダムフォレストがあります。ランダムフォレストは、決定木が多数集まった複雑な分類を行う手法です。決定木は分類株が集まったもので、分類株は二者択一の分類知識です。分類知識は何かを分類するために必要な知識で、決定木は分類株を、k近傍法は属性という数値データから作られたグラフを分類知識としています。

まとめ

・決定木が組み合わさったものを、ランダムフォレストと呼ぶ。
・ランダムフォレストは、複数の異なる学習結果から総合的に判断するアンサンブル学習の一つ。

アプリのつぶやき

「未知のデータをＡかＢか判断する」という課題、つまり分類は、機械学習における代表的なタスクの一つです。人が写っている写真と写っていない写真を見分けて自動的にフォルダ分けしたり、正常な商品と不良品を見分けたりする技術には、必ず分類というタスクがあります。

k近傍法もＳＶＭも決定木も、分類における基本的な考えかたです。身の回りのもの（たとえばバッグとか、ボールペンとか）に対して「これはどんな属性が考えられるかな」「どんな分類株が考えられるかな」と当てはめて考えてみると理解しやすいでしょう。

分類に使われるアルゴリズムは、他にも数多く存在します。この街も本当はもっともっと広いので、気になる人は巻末の参考図書一覧を参照して学習を進めてください。

さて、羊たちは、分類の街のランダムフォレストの森（この表現はちょっと変ですね）を抜けたようです。次の街へ案内するので、一緒に向かいましょう。

COLUMN

みにくいアヒルの子定理

論理学の世界に、**みにくいアヒルの子定理**という面白い名前の定理があります。論理学の世界での解釈は高度に数学的な内容になりますが、この定理の本質をわかりやすく表現すると「みにくいアヒルと普通のアヒルは互いによく似ている」という不思議な主張になります。

童話のみにくいアヒルの子は、普通のアヒルと比べて羽の色が汚く体が大きいので、みにくいといわれて仲間外れにされてしまいます。それなのに、なぜ「みにくいアヒルの子定理」では両者が似ているなどといえるのでしょうか?

みにくいアヒルの子と普通のアヒルの子が似ているかどうかを調べるためには、両者の特徴を比べることが必要です。たとえば「体が大きいか」「色が白色か」などの特徴を比べます。

ここで注意すべき点が一つあります。それは、比較のための項目は、いくらでも考えられるということです。

あるものとあるものを比較するとき、なんの条件も与えられていない場合、比較のための項目は無数に考えられます。たとえば「生き物であるか」「空気を呼吸するか」「地球に住んでいるか」など、いくらでも考えられますね。

　これらの項目でみにくいアヒルの子と普通のアヒルの子を比較すると、みにくいアヒルの子と普通のアヒルの子の相違点は普通のアヒルの子どうしの相違点と同程度になってしまいます。結果として、両者は似ているという結論になります。

　実はアヒルの子どうしだけでなく、たとえば「アヒルとネコは似ているのか」という問いや「アヒルと椅子は似ているのか」という問いにすら、同じように似ているという答えを返すことになります。

　この結果が我々の直感と大きく異なるのは、性質をどれも同じ比重で考えているからです。これに対して、普通の見かたにおいて「みにくいアヒルの子は他のアヒルの子と異なる」とするのは、とくに体の色と大きさという性質だけを取り出して考えているからです。こちらのほうが普通の考えかたといえるでしょう。

　これを機械学習の立場から解釈すると、特徴を決定する属性は、問題ごとに考える必要があるということを意味します。k近傍法や決定木を利用する際には、その分類問題に相応しい属性を選び出す必要があります。そうでないと、みにくいアヒルの子と普通のアヒルの子を区別することすらできなくなってしまいます。

第四章

最適化の街

－進化的計算と群知能－

最適化ってなんだろう？

さて、分類の街を抜けて次の街にたどりつきました。ここは**最適化**《さいてきか》の街、ずいぶんと動物がいっぱいいますね。

最適化とは「いくつかの組み合わせのなかから最も条件に合ったものを選び出すこと」で、分類と同じく機械学習の代表的なタスクの一つです。

最適化について、具体的な例で説明してみましょう。たとえば地図アプリで目的地への行きかたを調べているとします。徒歩か電車か、時間を優先するか金額を優先するかなどの条件によって、相応しいルートは変わってきますよね。こんなとき、ある条件に対して最も相応しい選択肢を選ぶタスクが最適化です。

最適化の手法は、こういったマップにおける経路探索だけでなく他にもさまざまな分野で実際に活用されています。たとえば、たくさんの生産ラインをもつ工場でいつどこで何を作るのが最も効率的かを導き出したり、株取引においていつ何を売り買いすればよい結果を得られるのかをシミュレーションしたりできます。

もっと身近なところでいえば、動画や音楽などのストリーミングサービスでのリコメンド内容を決める、といったことにも応用されています。あなたにとって最適なものを、機械学習によって導いているのですね。

進化を模倣してよりよい情報を残そう－進化的計算－

生物の進化の仕組み

最適化のタスクを実行するための代表的なアルゴリズムとして、**進化的計算**《しんかてきけいさん》と**群知能**《ぐんちのう》が挙げられます。まずは進化的計算について見ていきましょう。進化的計算は名前のとおり生物の進化を模倣したアルゴリズムなので、具体的な説明の前に生物の進化について確認します。

◆

生物は、**進化**《しんか》によって「生活する環境に適応した、よりよい形質」を手に入れます。よくいわれる進化の例として、たとえば「キリンの首が長いのは、高い場所の枝に茂る葉を食べるのに適応したためである」などが挙げられます。

しかし、この表現は少し正確さに欠けます。実際の生物の進化はもう少しいい加減で、それ自体には目的や方向性をもたない現象です。

生物の進化を考えるためには、そもそも生物の遺伝がどのように行われているのかを考える必要があります。生物は親のもつ性質や形質を子どもが引き継ぎます。これが**遺伝**《いでん》です。遺伝を実現するには、生物の性質や形質に関する情報を親から子へと伝えなければなりません。この情報を伝えるものを**遺伝子**《いでんし》と呼びます。遺伝子は、**染色体**《せんしょくたい》と呼ばれる物質に含まれます。多くの生物では染色体として**DNA**《ディーエヌエー》を用いています。

染色体は、両親から子どもへ引き継がれます。引き継がれるとき、染色体は適当に混ぜ合わされます。そこで染色体上の遺伝子によって発現する親の形質は、適当に混ぜ合わせられた状態で子どもに引き継がれます。

ＤＮＡなどの染色体は物質ですから、化学変化を起こしたり、放射線や紫外線で性質が変化したりすることがあります。すると、記録された遺伝情報が書き換わってしまいます。これが**突然変異**《とつぜんへんい》です。

突然変異が起こると、たいていの場合は遺伝情報が損なわれてうまく機能しなくなります。しかしまれに、よりよい形質を獲得する場合もあるでしょう。これが進化の源になっていると考えられています。

よりよい形質を獲得すると、環境に対して有利な行動をとることができるようになります。たとえば、たまたま長い首のキリンがいると、そのキリンは高い場所の葉を餌とすることができるので他のキリンより有利に生きることができます。その結果、子孫を残す可能性が高まり、結果として首が長いという形質に対応した遺伝情報が広まっていきます。これが進化の基本です。

ときどき「キリンの首が長くなったのは高いところの餌を食べるため」という説明を見かけますが、この説明は原因と結果が逆で、たまたま首の長いキリンが生き残りやすかった、ということです。なんらかの目的を達成するために変化したのではなく、変化した結果広まっていったのです。

結局のところ、進化とは適当に遺伝情報を変化させてみて環境に適応できたらそれが残るという、かなりいい加減な過程であることがわかります。ただしこの〝いい加減さ〟のおかげで、すべての生物が最強の一種類だけになってしまわずに、さまざまな生物が共存する多様性が保たれています。多様性が維持されることで継続した進化が続きます。さらに、気候が大きく変動するなどの環境変化に対しても、生物すべてが絶滅することなく繁栄し続けることができるのです。

まとめ

・最適化とは、いくつかの組み合わせのなかから最も条件に合ったものを選び出すこと。
・進化とは、より環境に適応した個体が生き残り広がっていく仕組み。

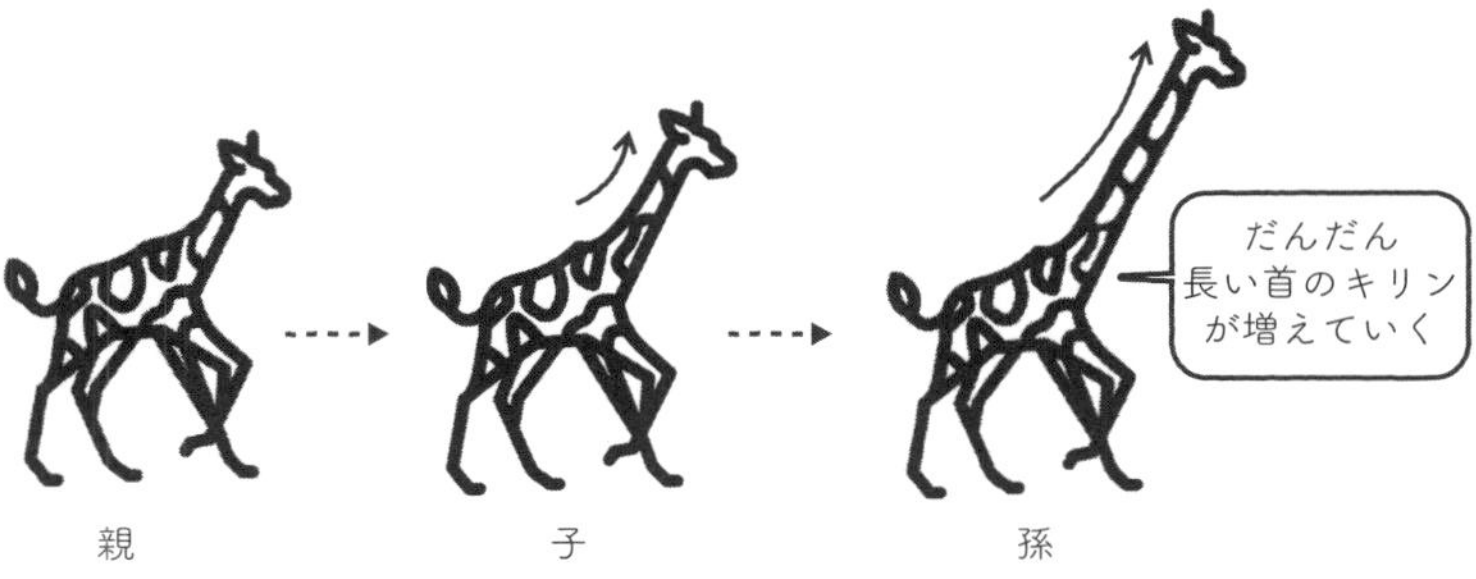
だんだん
長い首のキリン
が増えていく
親
子
孫

進化的計算ってなんだろう？

機械学習の話に戻りましょう。**進化的計算**《しんかてきけいさん》は、生物の進化を真似ることで知識を獲得する機械学習のアルゴリズムの一つです。さきほど説明した進化の仕組みをプログラムとして再現できれば、プログラムがそれ以外のもの（外部環境）に適応して、よりよいプログラムに進化させることができそうですね。

進化的計算では、獲得すべき知識を**遺伝情報**《いでんじょうほう》として表現します。遺伝情報の表現方法はさまざまで、最も簡単な方法である単純な遺伝的アルゴリズムでは0または1の数字の並び、より複雑な遺伝的プログラミングでは木構造データで知識を表現します。こうして、遺伝情報の担い手である染色体を作成します。

最初に染色体に書き込む遺伝情報は、ランダムに初期化したでたらめな情報です。したがって初期状態の染色体から知識を読み取っても、その知識はあまり役に立つものではありません。そこでランダムに初期化した染色体を多数作成し、これらの染色体に**遺伝的操作**《いでんてきそうさ》を施します。これにより、よりよい知識を獲得します。

遺伝的操作とは、親世代の染色体から適当な染色体を選び出して改編することで、子世代の染色体を作り出すことです（次ページ図❷）。

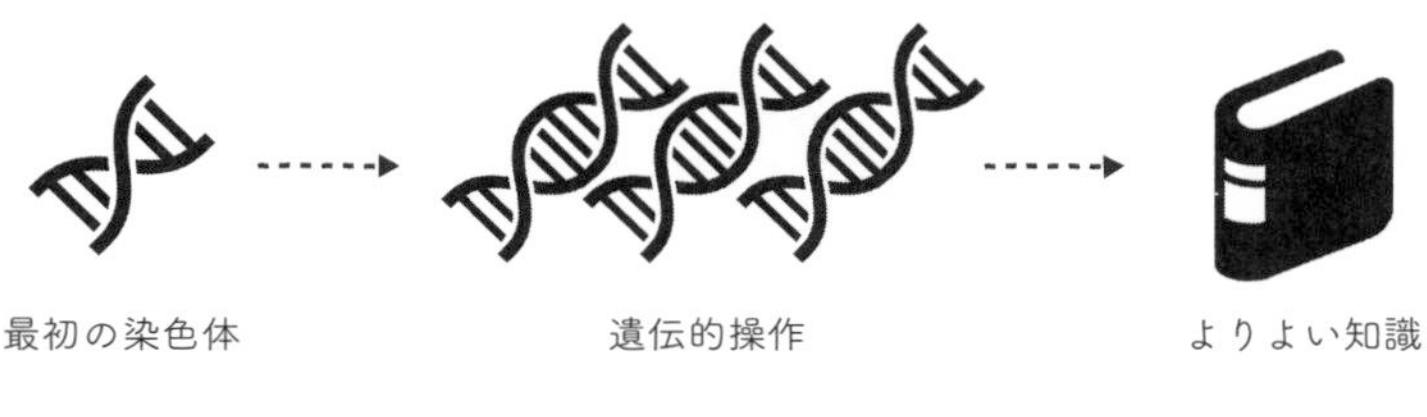

遺伝の世界における「よりよい知識」とは「より環境に適応することのできる知識」のことです。そこで進化的計算においては、遺伝的な操作を施す際にそれぞれの染色体が表現する知識が「どの程度よいものであるか」を評価します。その結果からよりよい知識をもつ染色体を選び出し、よりよい子孫を作り出すのです。このとき、環境に適応する度合いを数値で表した値を**適応度**《てきおうど》と呼びます。

以上の操作をまとめると、進化的計算では染色体集団に対して遺伝的操作を施し、そのなかから適応度の高い染色体を選び出し次世代の集団を作成します。この操作を**選択**《せんたく》と**淘汰**《とうた》と呼び、これを繰り返すことでより適応度の高い知識を獲得します（下図❷）。

まとめ

- 進化的計算とは、最適化のアルゴリズムの一つ。
- 遺伝的操作とは、親世代の染色体を改編することで、より適応度の高い子世代の染色体を作り出すこと。
- 遺伝的操作を繰り返しより適応度の高い世代を作ることを、選択と淘汰と呼ぶ。

❶

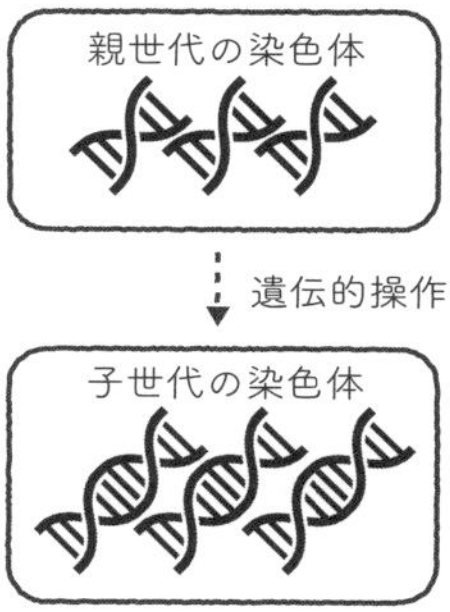

❷

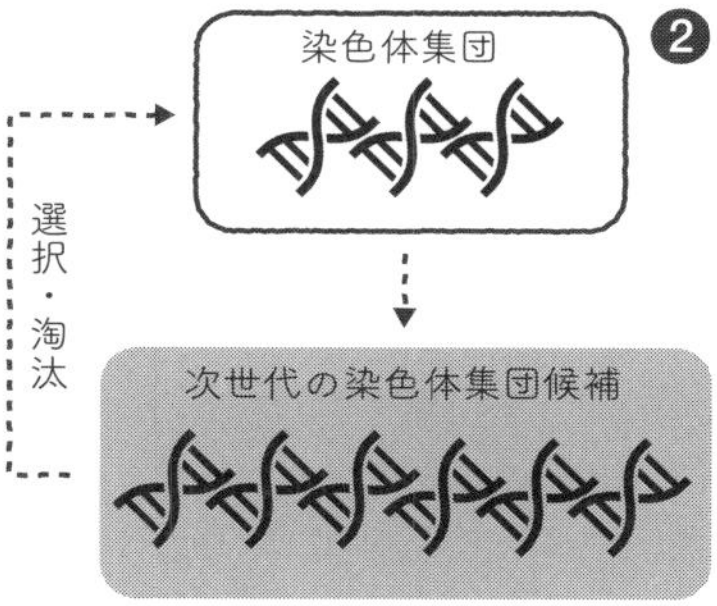

進化的計算の代表選手、遺伝的アルゴリズム

遺伝的《いでんてき》アルゴリズムは、進化的計算の代表例です。遺伝的アルゴリズムでは下図❶のように、染色体の表現に0または1の数値を利用します。獲得すべき知識を0か1の並びで表現しなければならないので、問題ごとにさまざまな工夫が必要になります。

遺伝的アルゴリズムでは、遺伝的操作として**交叉《こうさ》**と**突然変異**を利用します。交叉とは、二つの染色体を選んで両者を適当に混ぜ合わせる遺伝的操作です。交叉にはさまざまな方法がありますが、たとえば下図❷に示す一点で二つの染色体をつなぎ替える**一点交叉《いってんこうさ》**や、二点で二つの染色体をつなぎ替える**二点交叉《にてんこうさ》**、あるいは複数の点でつなぎ替える**多点交叉《たてんこうさ》**などがあります。

突然変異は、染色体の一部分にランダムな書き換えを施す遺伝的操作です。突然変異にもさまざまな方法がありますが、たとえば次ページの図❶のように適当な一点を選んで0と1とを入れ替える**反転**の突然変異や、二点を選んで両者を交換する**入れ替え**の突然変異などがあります。

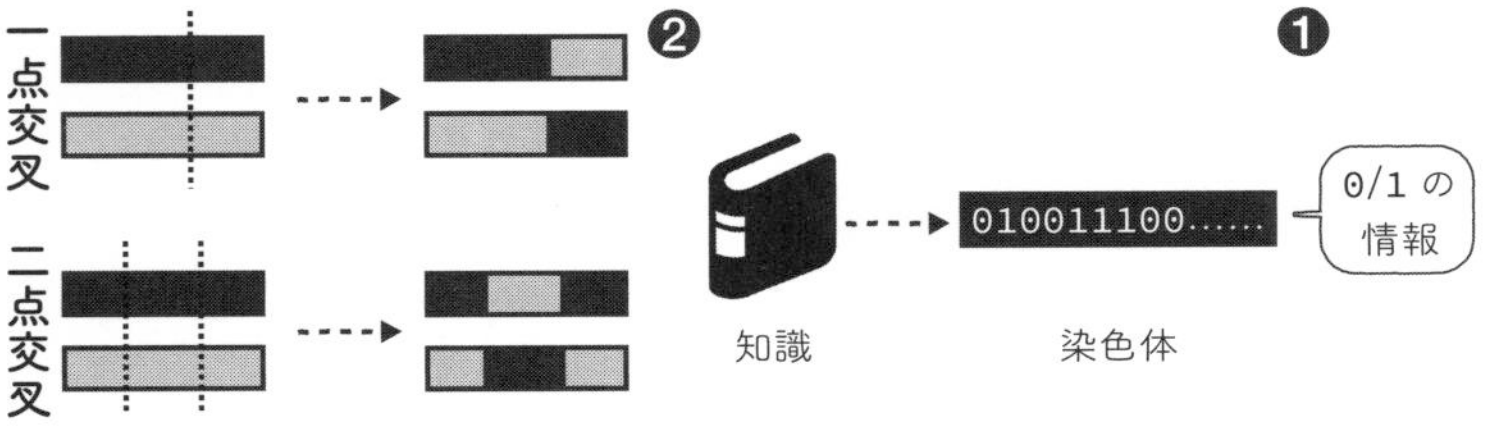

遺伝的アルゴリズム全体の流れを図で見てみましょう。下図❷のように染色体の初期集団をランダムに作成したら、染色体集団に対して遺伝的操作を加えて子の染色体を作成します。そのなかから優れた染色体を選び出して、次世代の染色体集団を作成します。

淘汰される染色体は、基本的には適応度の低い染色体です。しかし適応度の高いものばかり残すと、染色体の多様性が失われて進化が止まってしまいます。そこで、ある程度の割合でわざと評価の低い染色体も淘汰せずに次世代に残します。これにより多様性を維持するのです。

まとめ

・遺伝的アルゴリズムとは、染色体を0と1の組み合わせで表現した進化的計算のこと。
・遺伝的アルゴリズムでは、遺伝的操作として交叉と突然変異を用いる。

❶

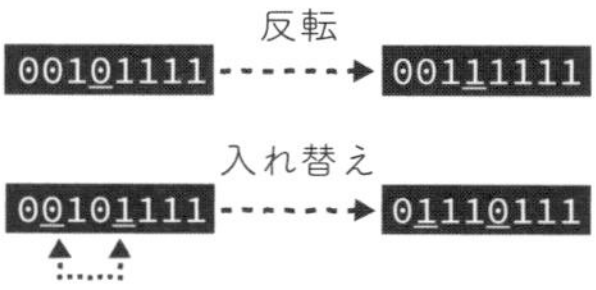

❷

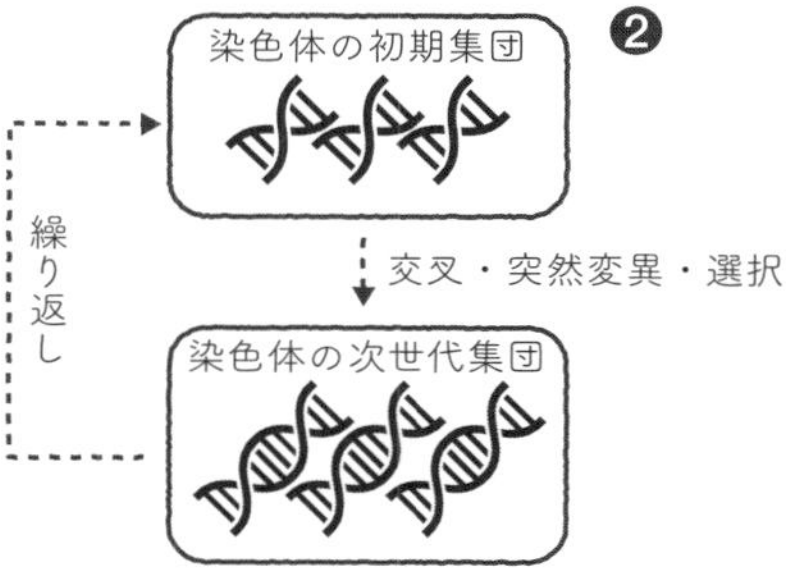

遺伝的アルゴリズムの仕組み

ここでは、簡単な例題を通じて遺伝的アルゴリズムの仕組みを見ていきましょう。次のような問題の答えを探すことを考えます。

【問題】

あらかじめ決められた五つの○×の並びのパターン（以下、**正解**）を当ててください。ヒントとして、ある並びが示されたら、その並びが正解と何カ所合っているかを教えます（以下、**適応度**《てきおうど》）。この質問は何度でもできますが、できるだけ早く正解を当ててください。

この問題で、たとえば正解が左図の上であったとします。この場合、いくつかのパターンにおける正解の箇所の個数（適応度）は、左図下に示すようになります。

遺伝的アルゴリズムを適用するには、まず染色体の表現を決定します。ここでは、○を1、×を0として表現することにしましょう。

最初に染色体の初期集団を作ります。このためにランダムに染色体を作ります。たとえば、次の四つの染色体ができあがったとしましょう。

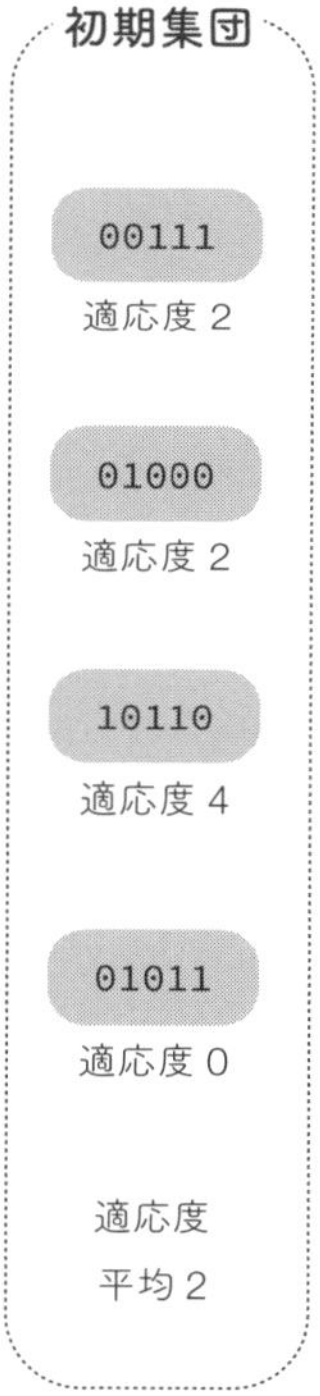

次に交叉と突然変異によって子ども世代の染色体候補を作成します。初期集団の染色体集団から、左図上のように適当に二つの染色体選び出し一点交叉を施します。交叉の位置は乱数でランダムに設定します。ここでは下線部を入れ替えています。

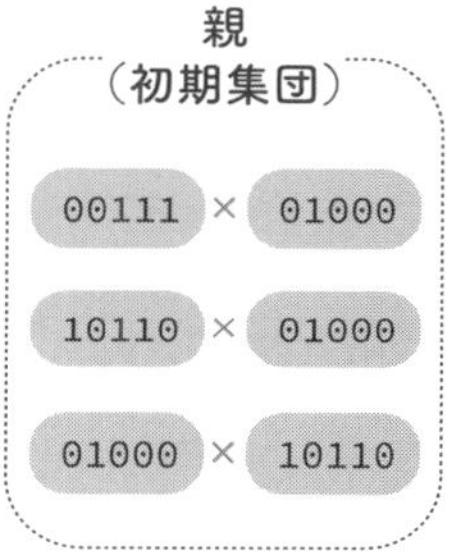

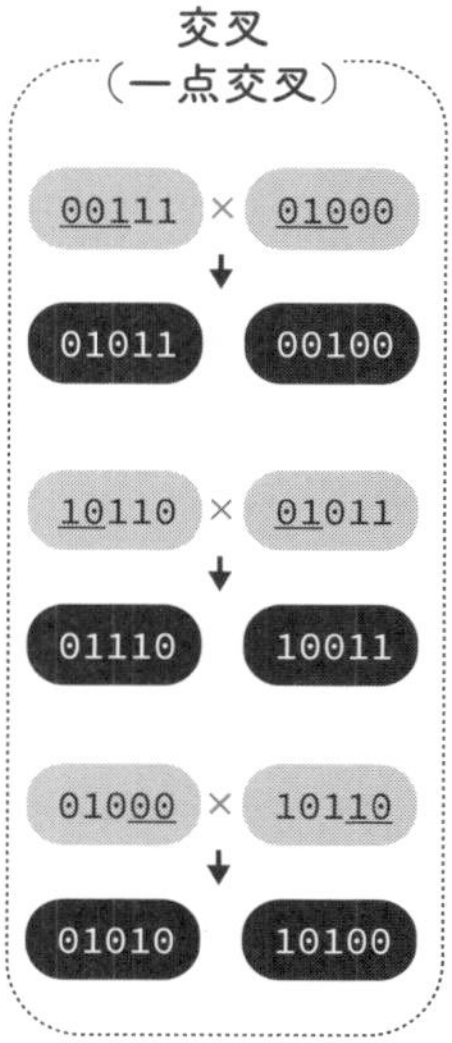

一点交叉が終わったら、さらに反転の突然変異を適用します。適用する部位はやはりランダムに乱数で設定します。左図では四つめの染色体の下線が引かれている一カ所だけがランダムに選び出されて、0を1に反転させる突然変異が施されています。

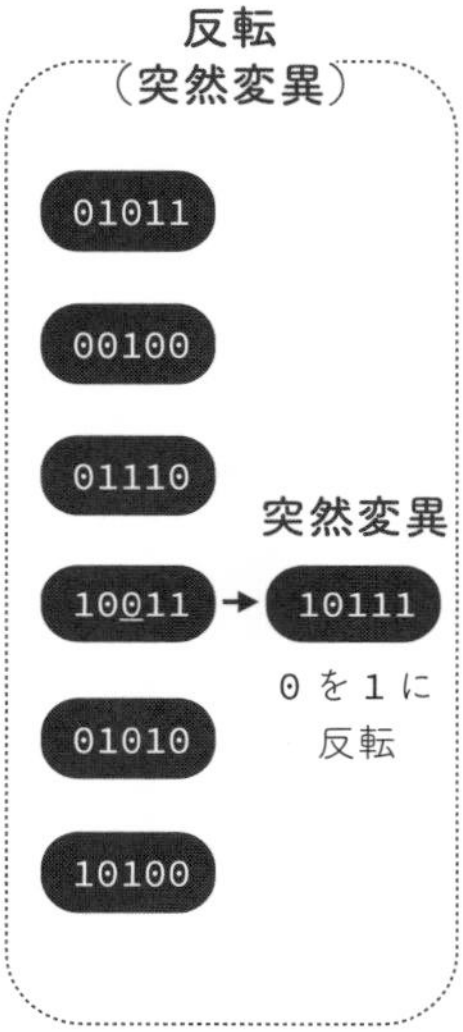

これで子世代の染色体が六種類できました。左図にそれぞれの適応度を示します。

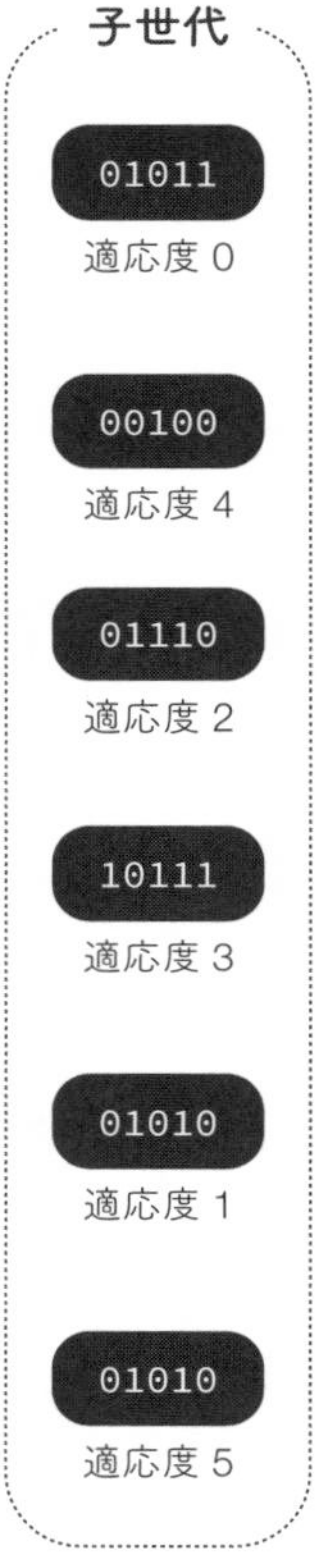

最後に、作成した子世代染色体候補に対して選択の遺伝的操作を行います。ここでは簡単に、適応度の高い染色体を親の世代の染色体数と同じだけ選びます。親世代の染色体の数は四つだったので、子世代の六つのうち適応度の低いものを二つ選んで四つを残しましょう。

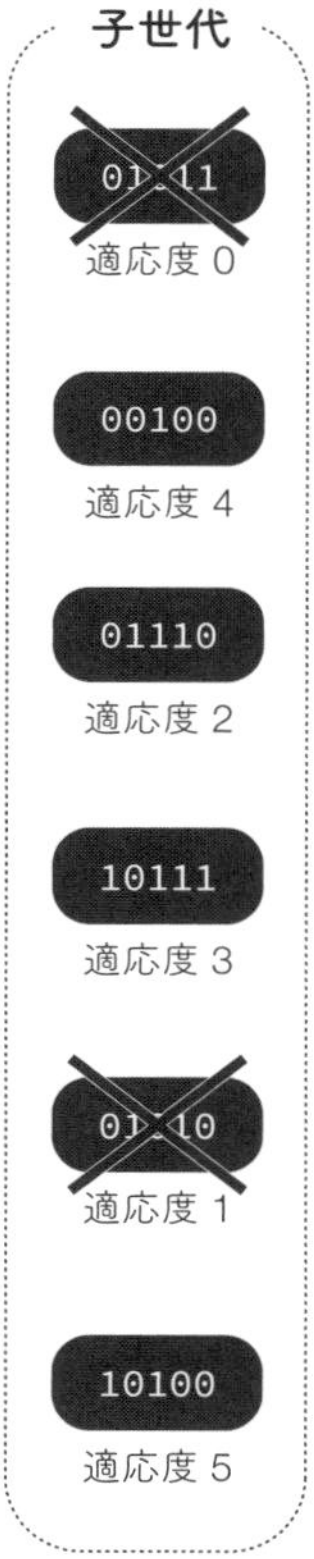

ここで、子世代染色体の平均適応度を計算してみます。

（4＋2＋3＋5）÷4＝3・5

子世代で選択された染色体の平均適応度は3・5であり、親世代の平均値2よりも向上しています。この操作を繰り返して孫やひ孫の世代を作ることで、世代の平均適応度を向上させることができます。これが遺伝的アルゴリズムにおける進化です。

より複雑なことをする－遺伝的プログラミング－

遺伝的プログラミングは、遺伝的アルゴリズムを拡張した考えかたです。遺伝的アルゴリズムでは0または1の数値が一列に並んだ二進数のような形で染色体を表しましたが、遺伝的プログラミングでは複雑な構造をもったデータとして染色体を表します。

木構造《きこうぞう》は、遺伝的プログラミングでよく用いられるデータ構造です。次ページの図❶は木構造の例です。木構造では、**根**《ね》**（ルート）**から始めて、**節**《せつ》**点**《てん》**（ノード）**を枝で結びます。それ以上枝の伸びていない節点を、**葉**《は》**（リーフ）**と呼びます。

遺伝的プログラミングの構造は、分類の街で見かけた決定木とよく似ていますね。これは、決定木は分類過程を木構造で表現したものだからです。

染色体の表現として木構造を用いると、遺伝的アルゴリズムにおける0か1を直線的に並べただけの染色体表現と比較して、より柔軟かつ複雑な表現が可能となります。遺伝的プログラミングでは、木構造に対して交叉や突然変異を施すことにより、遺伝的アルゴリズムの場合と同様に進化を実現します。

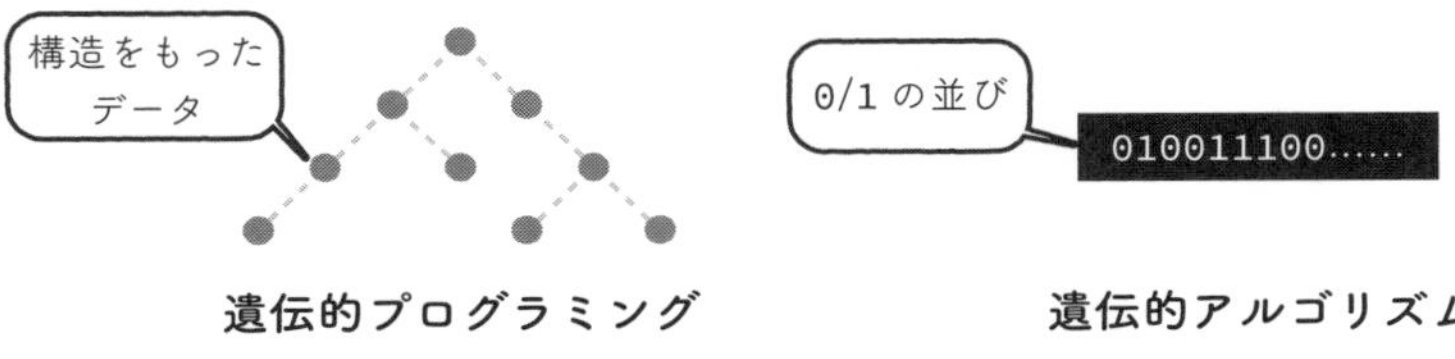

❶

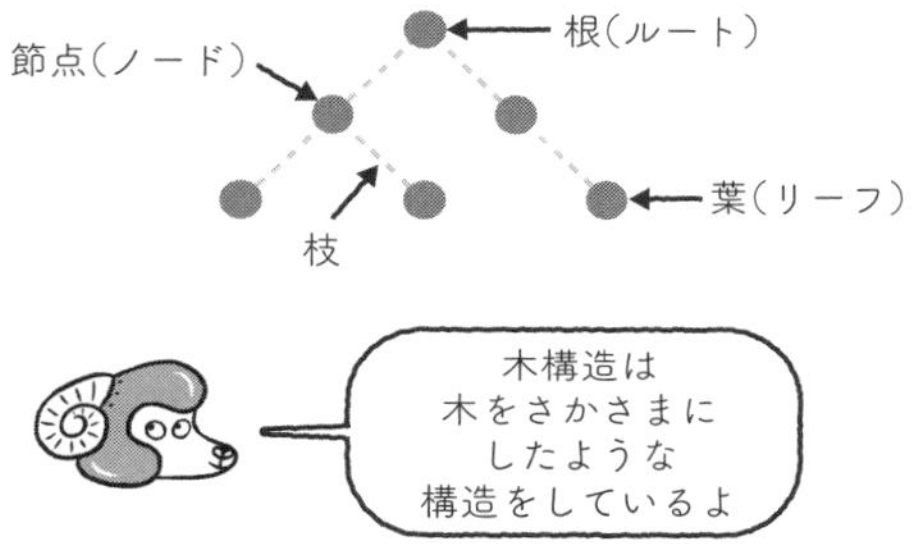
根(ルート)
節点(ノード)
葉(リーフ)
枝
木構造は
木をさかさまに
したような
構造をしているよ

❷

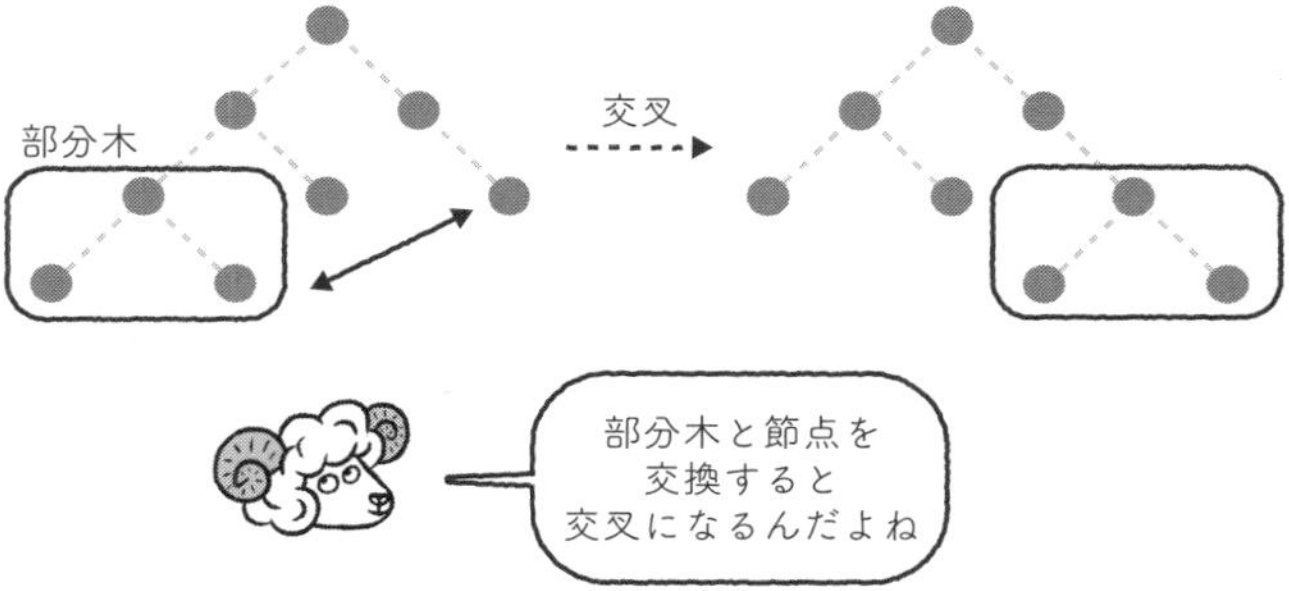
部分木
交叉
部分木と節点を
交換すると
交叉になるんだよね

❸

突然変異

前ページの図❷は、木構造に対する交叉の例です。ある節点以下の**部分木**《ぶぶんぎ》を選び出し、それらを交換することで交叉を行うことができます。

図❸の図は突然変異の例です。たとえばある節点を書き換えたり、ある節点以下の構造を変化させたりすることで、突然変異を実現することができます。

ちなみに進化的計算には、他にもさまざまなアルゴリズムがあります。たとえば「進化戦略」「進化的プログラミング」などです。これらの二つと「遺伝的アルゴリズム」および「遺伝的プログラミング」を合わせて、**進化的**《しんかてき》**アルゴリズム**と呼びます。進化的アルゴリズムは、進化的計算の一分野です。

まとめ

- 遺伝的プログラミングは、染色体を木構造で表現した進化的計算のこと。
- 遺伝的プログラミングでも交叉と突然変異を用いる。その際、部分木や節点を改編する。
- 遺伝的アルゴリズム・遺伝的プログラミング・進化戦略・進化的プログラミングを合わせて進化的アルゴリズムと呼ぶ。

生物の群れの行動から学習しよう－群知能－

蟻みたいに近道を見つけよう－蟻コロニー最適化法－

群知能《ぐんちのう》とは、その名のとおり「生物の群れ」の働きからヒントを得たアルゴリズムで、最適化のタスクにおいてたびたび用いられます。

「一人で考えるよりも複数人で考えたときのほうがうまくいった」という状況は、日常生活においてもよくあることです。もちろん逆のケースもありますが、群知能はうまくいく場合の集団の働きからヒントを得ています。いったいどういうことなのか、詳しく見ていきましょう。

まずは、蟻の群れの動きを模倣した**蟻**《あり》**コロニー最適化法**《さいてきかほう》を紹介します。

蟻コロニー最適化法は、その名のとおり蟻の動きにヒントを得たアルゴリズムです。巣穴の外で見かける蟻の動きを思い出してください。

蟻は餌を見つけるために、巣穴から出て辺りを歩き回ります。餌が見つかると、今度は巣穴と餌場の間を往復します。じっと観察し続けていると、その道筋には他の蟻も集まってきます。観察を継続していると、やがて巣穴と餌場の間に蟻たちの行列ができあがります（八十三ページ図❶）。

できあがった蟻の行列を、引き続き観察してみましょう。すると、行列は巣穴と餌場の間における近道となる道筋を選んでいることがわかります。しかも、最初の一匹が遠回りな道筋を選んでいたとしても、行列ができあがってしばらくすると、すべての蟻が近道を選ぶようになります。これはどのような仕組みによるのでしょうか。

蟻が行列を作るのは、蟻の足から出る化学物質である**フェロモン**が影響しています。蟻が頻繁に歩く道筋には、歩いた蟻から出たフェロモンが蓄積します。フェロモンは化学物質であり、放っておくと蒸発してしまいます。しかし頻繁に上書きされれば、蒸発よりも蓄積するフェロモンのほうが多くなります。さらにフェロモンは蟻を引きつけるので、蟻が歩けば歩くほどより多くの蟻が集まってきます。このようにして、行列がどんどん大きくなっていきます（次ページ図❷）。

この過程で、巣穴と餌場の間の道筋の距離が短い場合と長い場合の比較を考えます。すると同じだけ蟻が巣穴と餌場を往復したとしても、距離の長い道筋に塗布されたフェロモンは上書きされないためどんどん蒸発してしまいます。

❶

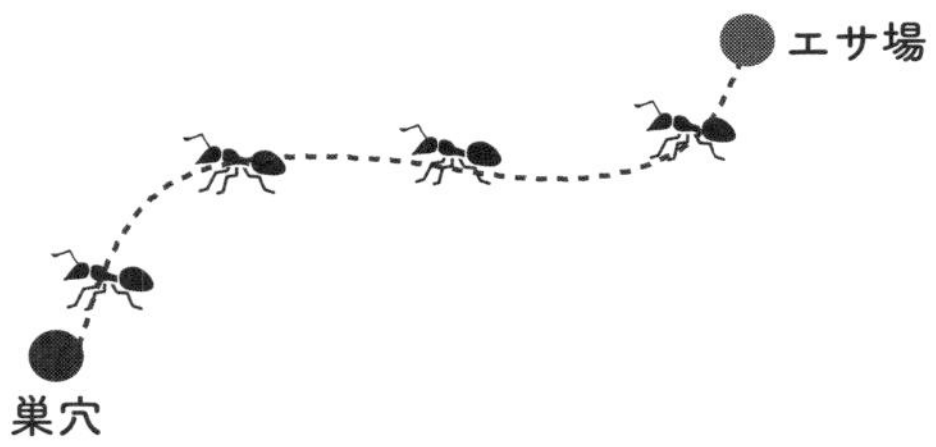
エサ場
巣穴

❷

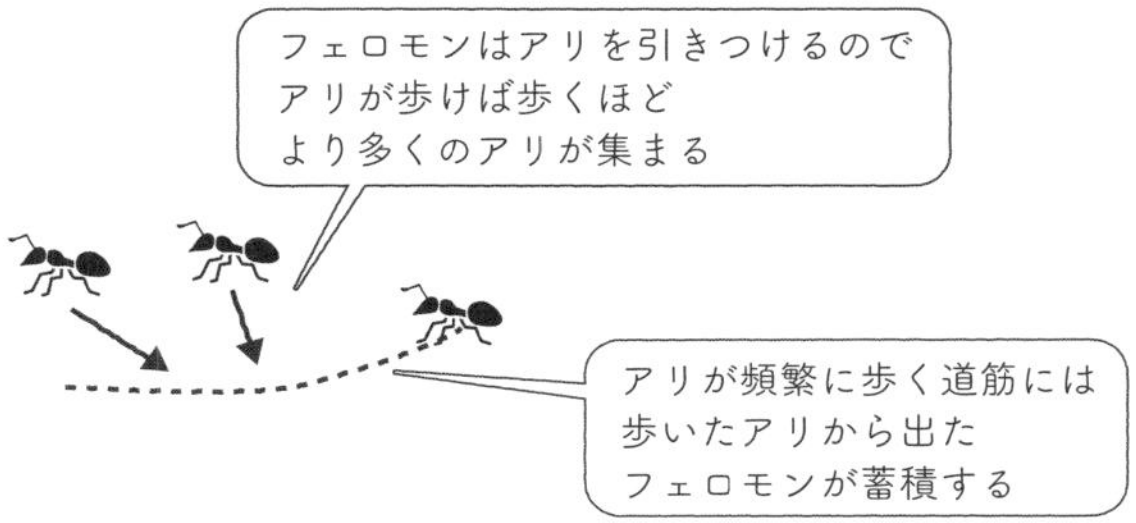
フェロモンはアリを引きつけるので
アリが歩けば歩くほど
より多くのアリが集まる
アリが頻繁に歩く道筋には
歩いたアリから出た
フェロモンが蓄積する

❸

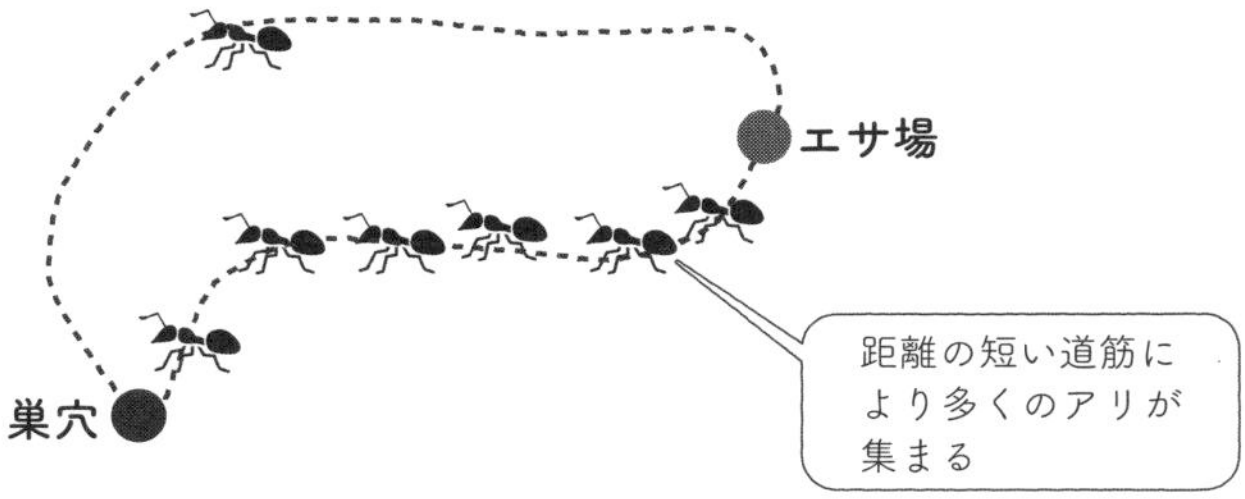
エサ場
巣穴
距離の短い道筋に
より多くのアリが
集まる

これに対して距離の短い道筋では、フェロモンが頻繁に上書きされます。すると距離の短い道筋により多くの蟻が集まり、結果として最短経路上に蟻の行列ができあがります（前ページ図❸）。

蟻コロニー最適化法は、この特性を利用した最短経路の探索に特化したアルゴリズムです。蟻の巣穴や餌の位置などをグラフネットワークとしてマッピングして、エージェント（蟻）のルートをシミュレーションし、最も効率のよいルートを導き出します。最短経路探索問題は、運輸や配送などへの応用の他、ＩＣ[※1]の回路設計における配線経路問題など、さまざまな分野で応用が可能です。

まとめ

- 蟻コロニー最適化法は、巣穴と餌場を往復する蟻の行列を模倣した最適化アルゴリズム。
- 蟻コロニー最適化法は、他の最適化アルゴリズムと比較して最短経路の探索に特化している。

※1　ＩＣとは集積回路のことで、高機能な電子部品の一つです。コンピューターなどに使われています。

大勢で答えを探そう－粒子群最適化法－

生き物の集団は、一匹一匹では単純な行動しか行っていないのに、群れ全体として見ると賢い行動をする場合があります。

たとえば渡り鳥の群れは、高い木などの障害物に出会うと木を避けるためにいったんバラバラになりますが、障害物を過ぎると再び群れとなります。この場合、個々の鳥は単純な回避行動しか行っていないのですが、群れ全体としては洗練された知的行動を取っているように見えます。魚の群れも、水族館でイワシの群れなどを見た経験があるならわかりやすいと思いますが、全体を管理する仕組みがあるわけでもないのに整った群れを作って泳ぎます。

群知能の一つである**粒《りゅう》子《し》群《ぐん》最《さい》適《てき》化《か》法《ほう》**は、こういった鳥や魚の群れの働きを真似したアルゴリズムです。個々では単純な動きしかしていないのに全体としてはよい結果を出す、という構造を模倣しています。

粒子群最適化法では、個々の生物を**粒子《りゅうし》**として表現します。粒子は**解空間《かいくうかん》**という空間内を跳び回りながら、一番居心地のよい場所を探します。このとき、粒子が探している「一番居心地のよい場所」には次の二種類があります。

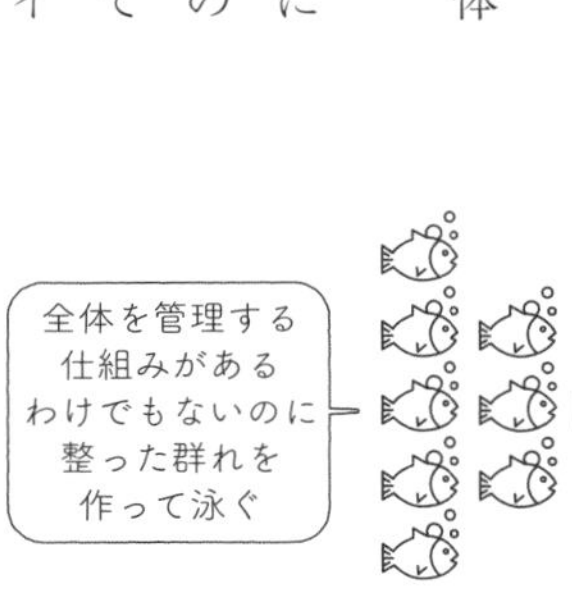
全体を管理する
仕組みがある
わけでもないのに
整った群れを
作って泳ぐ

魚の群れ

高い木などの
障害物に出会うと
複雑な回避行動を
とりつつ再び
群れを構成する

鳥の群れ

❶自分にとって居心地のよい場所
❷自分を含めた粒子全体にとって居心地のよい場所

粒子は解空間における自分の位置情報をもっています。GPS機能が付いているような感じですね。そして、このGPSは現在の位置だけでなく過去の位置も記録しています。そのため、自分にとって一番居心地がよかった場所の情報——つまり、粒子単体としての最適な値を保持しています（次ページ図❶）。

解空間内を跳び回っている粒子が記録しているのは、自分にとって居心地のよい場所だけではありません。群れ全体としての「居心地のよさ」も記録しています（次ページ図❷）。このため、自分がいたことのある場所だけでなく群れに属する他の粒子が経験した情報も、共通の記録としてもっています。

粒子群最適化法は、後者の「粒子全体にとって居心地のよい場所」を見つけだすことが目的です。一粒一粒に記録をもたせて解空間を跳び回らせることで、粒子全体にとって最適な位置を見つけだすことができます（次ページ図❸）。

まとめ

・粒子群最適化法は、生物の群れの動きを真似た最適化手法。
・粒子群最適化法では、生物の群れを動き回らせることで、最も良い答え（最適解）を見つけだす。

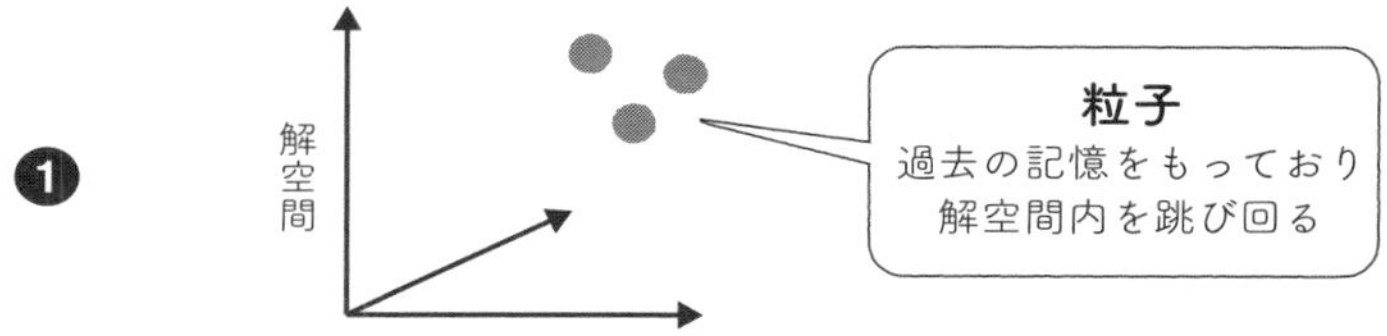
❶
解空間
粒子
過去の記憶をもっており
解空間内を跳び回る

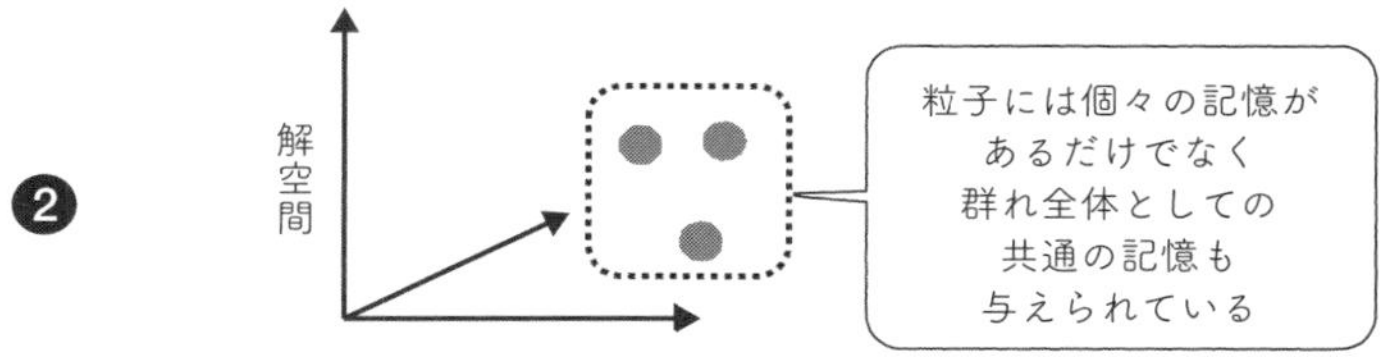
❷
解空間
粒子には個々の記憶が
あるだけでなく
群れ全体としての
共通の記憶も
与えられている

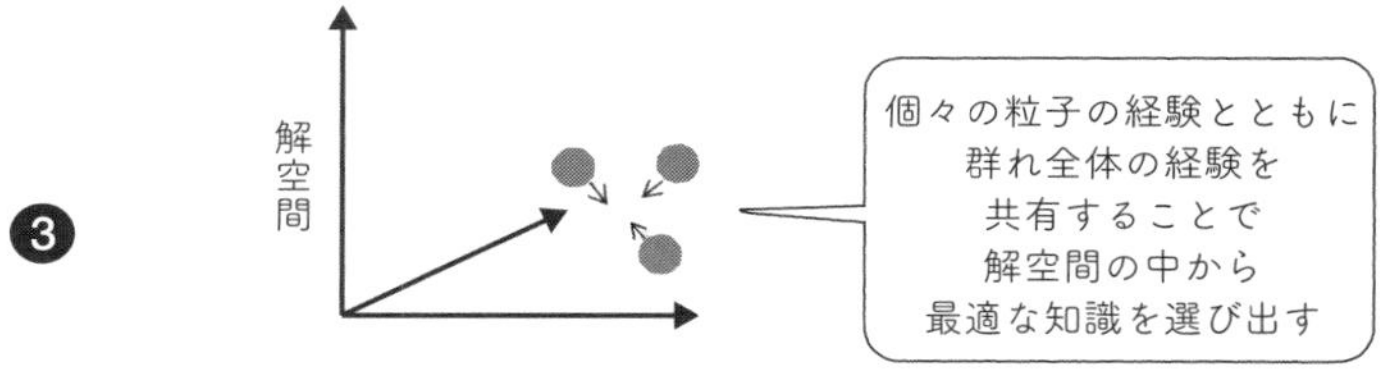
❸
解空間
個々の粒子の経験とともに
群れ全体の経験を
共有することで
解空間の中から
最適な知識を選び出す

魚みたいに餌を探そう－ＡＦＳＡ－

最後に、魚の動きを真似したアルゴリズムを見ていきましょう。

ＡＦＳＡ《エーエフエスエー》は、さまざまな知識を獲得するための機械学習の手法です。魚の群れは餌を捕まえるときに、群れ全体として餌を追いかけるなどの知的な振る舞いを示すことがあります。ＡＦＳＡでは、こうした魚の群れをシミュレートすることで知識を獲得します。

ＡＦＳＡでは魚の群れのシミュレーションを行いますが、その基本的な考えかたは粒子群最適化法における粒子のシミュレーションと同様です。ただしＡＦＳＡでは、粒子群最適化法の考えかたに加えて、魚の群れの挙動からヒントを得た処理を行います。

ＡＦＳＡでは、群れを構成する魚（個体）には下図❶のように視界があります。視界の範囲内で、他の魚と関係しつつ、さまざまな動作を試みます。

❶

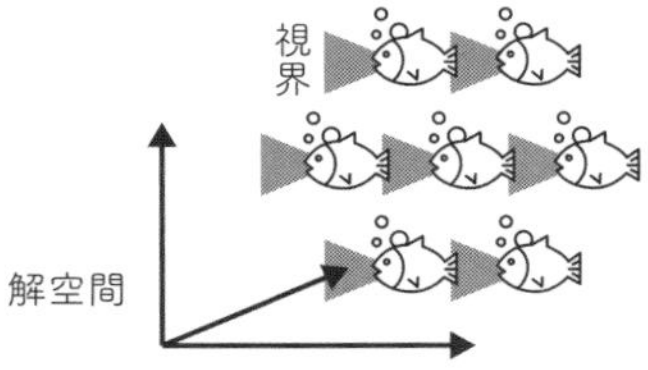

❷

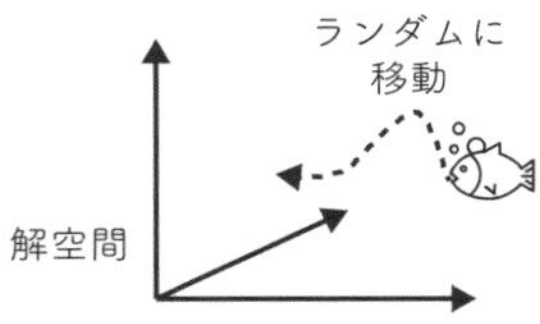

基本的な行動として、魚は前ページ図❷のようにランダムな移動を行います。これは粒子群最適化法とよく似ています。ランダムに移動する魚は、下図❸のように視界に別の個体が入ってくると捕まえて食べようとします。これを捕食行動と呼びます。また、優れた個体が視界内にいる場合、その個体を追いかける追尾行動を選択します。こうした行動を通して、ＡＦＳＡでは魚（個体）が群れを形成します。

ＡＦＳＡにおける魚の挙動は、粒子群最適化法の粒子の挙動と比較してより複雑です。このためＡＦＳＡはうまく設計できれば良好な学習効率を示しますが、処理手続きが煩雑なためプログラミングが難しい点が欠点です。

まとめ

・ＡＦＳＡは、魚の動きを模倣した最適化アルゴリズム。
・ＡＦＳＡの魚は粒子群最適化法の粒子より動きが複雑になる。

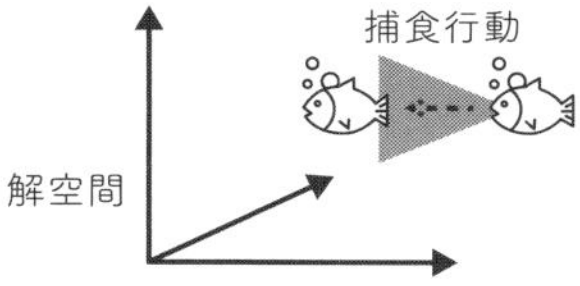

アプリのつぶやき

「人工知能」や「機械学習」といった言葉からは、どこか無機的でいきものとは縁遠い印象をもつ人が多いかもしれません。しかし実際は、いきものの仕組みからヒントを得て作られているため、人工知能について学んでいるといきものの仕組みに触れることが多々あります。

私たちは普段とくに意識することなく、さまざまな選択肢のなかから一つを選択して行動しています。たとえば朝起きて着る服について悩んだとき、その日はどんな予定があるかを鑑みて、動きやすい服装を選んだりカッチリした服装を選んだりします。これは複数の条件のなかから最も適したものを選出するという行為であり、最適化の一つだと考えられます。

多くの場合、私たち自身に「最適化を行っている」という意識はありません。私たちにとって、これはごく自然で意識するまでもない課題だからです。しかし機械にとっては難しい課題となります。機械が最適化を行うとき、ここで紹介したような手法が役立つのですね。

第五章

試行錯誤の街

―強化学習―

強化学習ってなんだろう？

新しい街に着きましたが、この街はほとんど迷路なのではぐれないように気をつけてください。ここは**強《きょう》化《か》学習《がくしゅう》**の街です。強化学習とは、教師あり学習と教師なし学習に並ぶ代表的な機械学習の種類の一つでしたね。「二足歩行ロボットを上手に歩かせる」など、ロボットや機械を適切に動かす技術（**制御《せいぎょ》**）によく使われています。

強化学習は「動物の行動学習」を参考にして作られた機械学習の手法です。心理学の世界で有名な話ですが、正しい行動を取ったときにネズミに餌を与え、これを繰り返すと、やがてネズミは餌を目当てに正しい行動を学習します。このことにヒントを得て「コンピューターのプログラムが正しい行動をとったらご褒美を与える」ことで、正しい行動のしかたを学習する仕組みが作られました。これが強化学習です。

強化学習では、一連の行動をとったあとに、その行動が全体としてよい結果を与える場合に得点をもらえます。この得

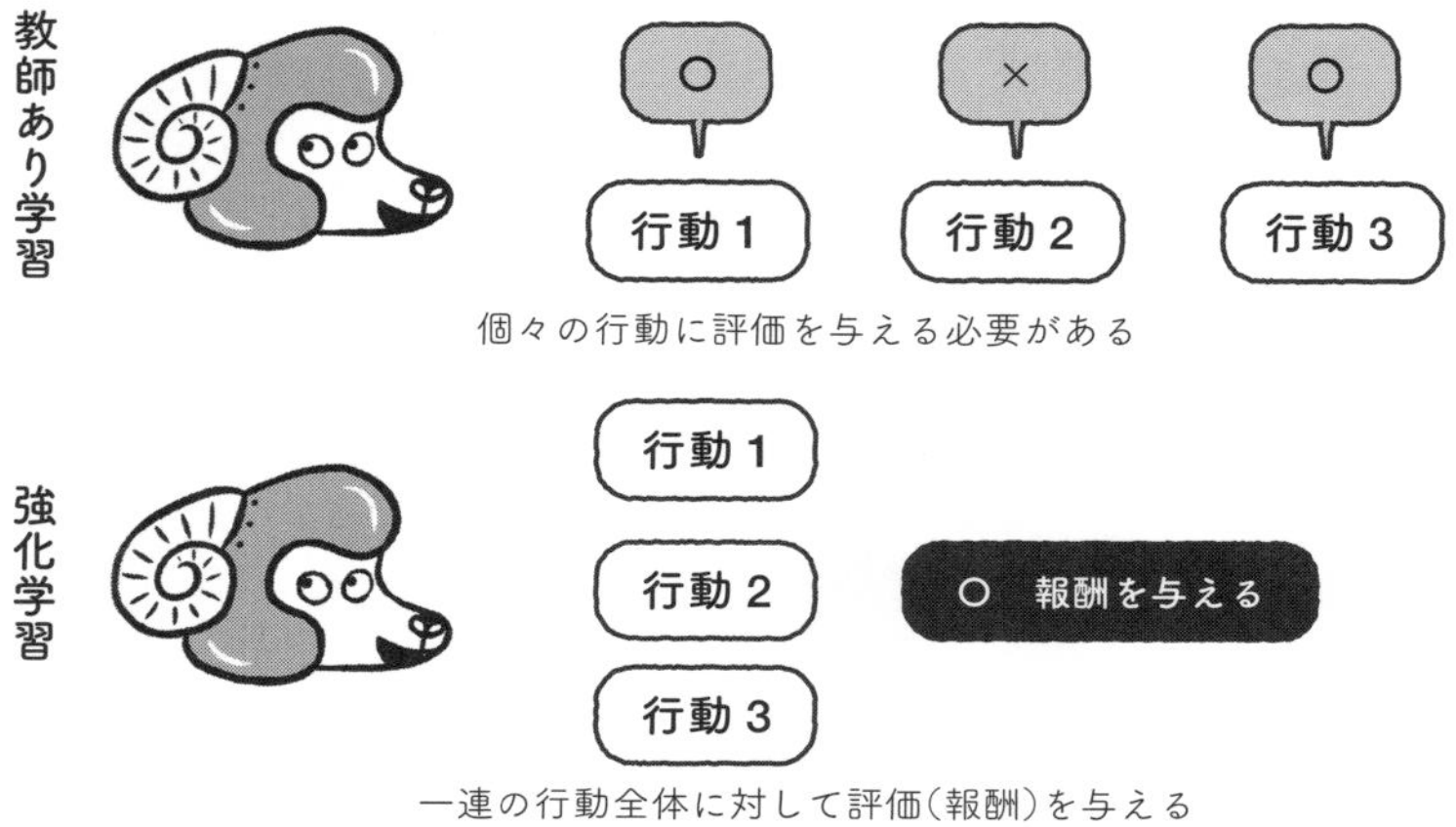

一連の行動全体に対して評価（報酬）を与える

点のことを報酬《ほうしゅう》と呼びます。同じ機械学習でも、教師あり学習と違って個々の行動について細かく評価を与える必要がないため、一連の行動をまとめて評価し学習するような用途では強化学習がよく利用されます。「一連の行動をまとめて評価し学習するような用途」とは、たとえばゲームの対戦などです。

羊と電気羊の対戦について思い出しましょう。二人はボードゲームをしていましたね。一般的にチェスなどのボードゲームの対戦を行う場合、その一手一手の良し悪しを毎回評価することはありませんが、ゲームの終了時には必ず勝敗という評価が発生します。強化学習では個別の一手一手ではなく、一戦全体に対して報酬を与えることでより勝ちやすいパターンを学んでいくものです。

ゲーム以外の「一連の行動をまとめて評価し学習するような用途」として、二足歩行ロボットの歩行知識獲得を考えてみましょう。学習開始前はどのように歩けば二足歩行できるかはわからないので、とりあえず歩行知識の初期値としてランダムな知識を与えます。当然、初期状態ではほとんど歩くことができません。

しかし動作を繰り返しているうちに、たまたま少しだけ歩ける場

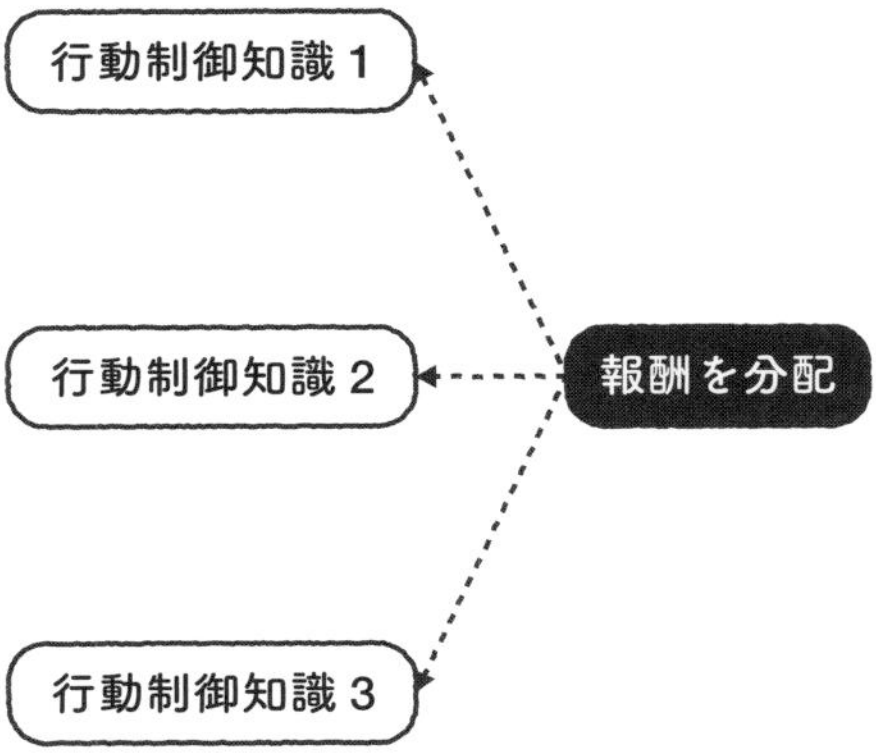

合があるかもしれません。このとき、少し歩けたことに対して得点（報酬）を与えることにします。

得点はうまく歩くことができた場合の制御知識に対して与えられます。制御知識は複数の行動制御知識から構成されているので、得点は、それぞれの行動制御知識――たとえば、「膝の関節の角度」「足を地面から上げる速度」などに分配されます。

二回目以降の行動では、プログラムは得点を考慮して行動を選択します。このため、うまく歩くことができて得点を得た制御知識は、うまくいかなかった知識と比較して選ばれやすくなります。

これを繰り返すと、たまたまうまく歩けた知識の系列に対して、得点が積算されていきます。やがて、うまく歩ける運動知識が多くの得点を獲得して二足歩行が完成します。

まとめ

・強化学習とは、ある程度まとまった一連の行動に対して評価を行い、よりよい行動を学習する機械学習手法のこと。
・強化学習は、ゲームやロボットの学習などによく用いられる。

ランダムに試行回数を重ねる－モンテカルロ法－

さて、強化学習もさまざまなアルゴリズムによって行われています。シンプルな例として**モンテカルロ法**が挙げられます。

モンテカルロ法による強化学習は、試行をランダムに繰り返してうまくいく場合の知識を獲得しようとする手法です。モンテカルロ法という名称は、強化学習に限らずランダムな試行の繰り返しで答えを求める手法全般[※1]に対して使われます。

ちなみにこの呼びかたを初めて使ったのは、**ノイマン型コンピューター**という呼称にその名を残しているフォン・ノイマンです。話が逸れるので今回は触れませんが、ノイマンはコンピューターの歴史においてとても重要な人物なので、気になる場合はあとで調べてみてください。現在使われているコンピューターのほとんどは、ノイマン型コンピューターです。

さて、モンテカルロ法による強化学習では、それぞれの状況で選択することのできる行動一つひとつに、選択の基準となる数値を与えます。行動選択においては、数値の高いものを優先して選択します。ただし、ある程度はランダムに行動を選択することにします。これらの数値を学習して、それぞれ状況で最良の行動選択ができるようにするのが学習の目的です。

※1　モンテカルロは、ヨーロッパのモナコ公国にあるカジノで有名な場所の名前です。

初期状態では、ランダムに設定された数値をもとに行動を選択します（左図❶）。このため望むような結果を得ることはできません。ただし行動選択には数値以外のランダムな要素も加えてあるので、行動を繰り返すうちにたまたまうまくいく場合が出てきます。このとき、うまくいった程度に応じて得点（報酬）を与えます（左図❷）。報酬はうまくいった一連の行動全部に与えるので、次回の試行からはうまくいった行動の系列が選ばれやすくなります。

この手続きを繰り返して行うと、やがてうまくいく行動選択の知識が獲得されます。この過程では、一連の行動の結果がたまたまうまくいく場合を何度も経験しなければなりません。

一般に、たまたまうまくいく場合はまれにしか起こりませんが、報酬が与えられて学習が進むのはうまくいった場合のみに限られます。このため、モンテカルロ法による強化学習では、非常に多くの繰り返しが必要です（左図❸）。

まとめ

・モンテカルロ法は、何回も試行を重ねることで偶発的にうまくいった行動系列を評価し、よりよい選択肢を学習する手法のこと。
・モンテカルロ法においてよい行動系列が得られることはまれであり、非常に多くの試行回数が必要となる。

❶
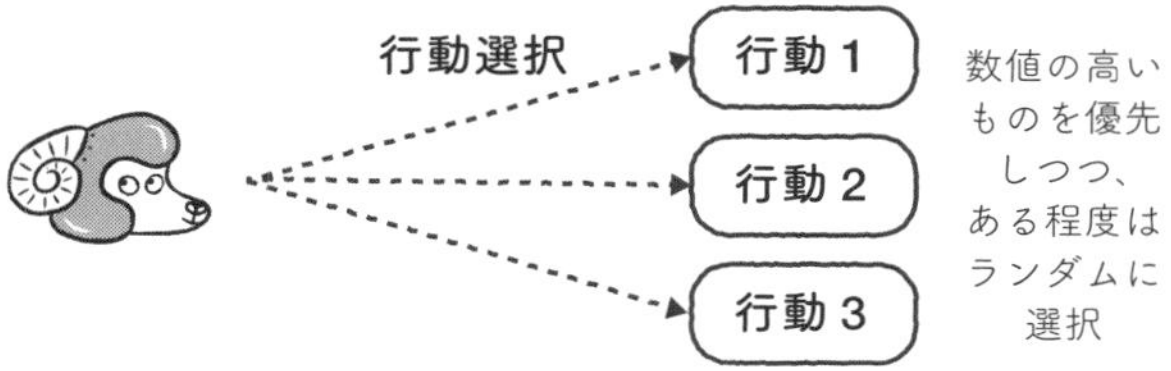
行動選択
行動 1
行動 2
行動 3
数値の高いものを優先しつつ、ある程度はランダムに選択

❷
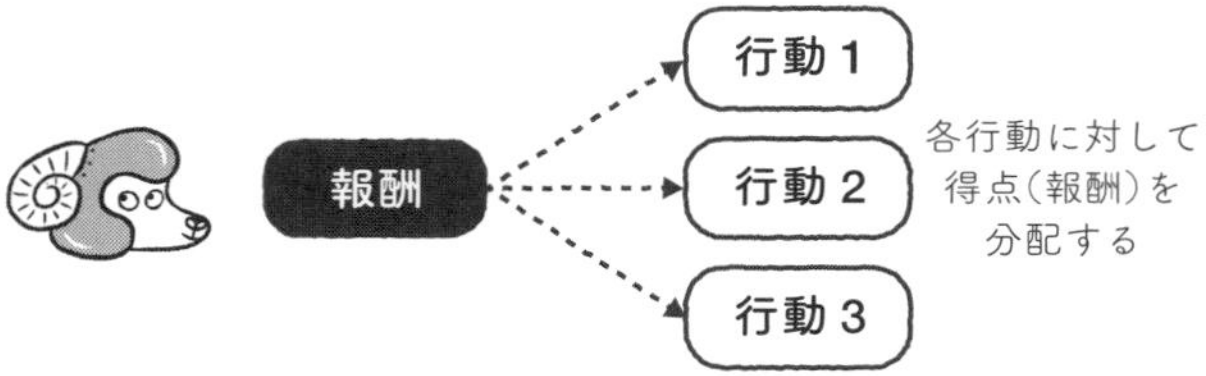
報酬
行動 1
行動 2
行動 3
各行動に対して得点(報酬)を分配する

❸
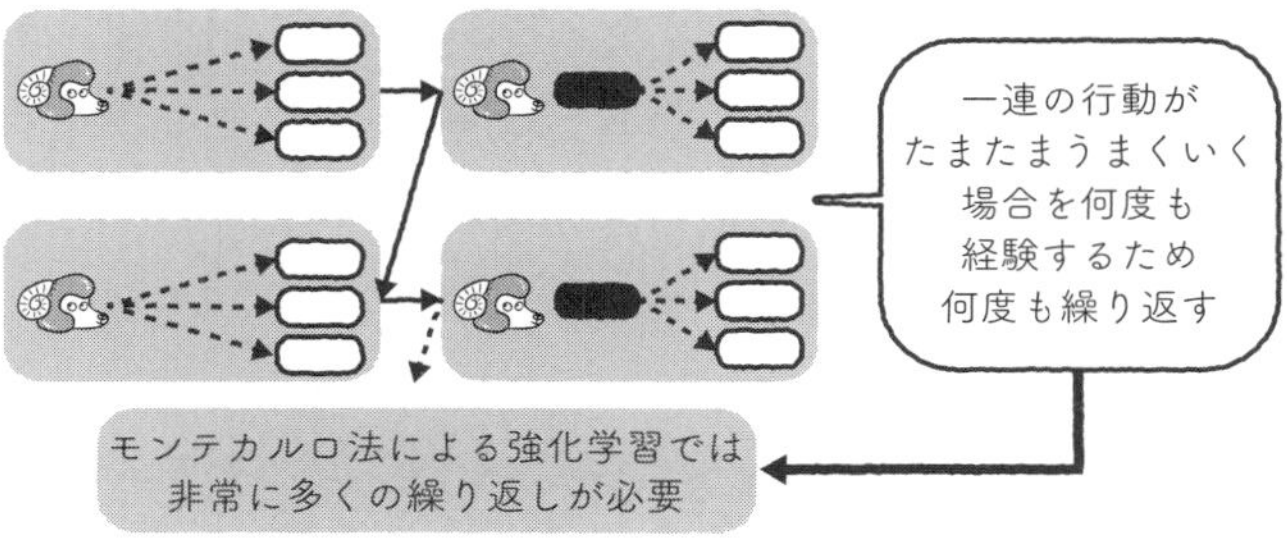
一連の行動がたまたまうまくいく場合を何度も経験するため何度も繰り返す
モンテカルロ法による強化学習では非常に多くの繰り返しが必要

より効率的に試行するには？ －Q学習－

Q学習《キューがくしゅう》は、モンテカルロ法と比較して効率的に強化学習を実行できる手法です。一般に、強化学習においてうまくいった場合の報酬が与えられるのは、一連の行動が終わったあとのことです。しかしQ学習では、個々の行動選択に対しても**Q値**《キューち》という価値が設定されています（左図❶）。

Q学習では、ある状態における行動選択をQ値という数値に従って行います。Q学習の目的は、正しい結果につながる行動選択を行えるようなQ値を学習することです。

他の強化学習の場合と同様に、Q学習においても当初の行動知識はランダムです。つまり、Q値の初期値は乱数で与えられます。当然、当初の行動はでたらめなものになります。

行動を繰り返すうちに、たまたまうまくいった場合に報酬が得られます。ここまではモンテカルロ法と同様ですが、Q学習の場合、報酬を得ることにつながった特定の行動に対して報酬に応じたQ値を与えます（左図❷）。すると、次回以降にこの状態までたどり着いたら、以前に得た報酬によってQ値の増加した行動が選択されやすくなります。結果として、正しい結果にたどり着くことができます。

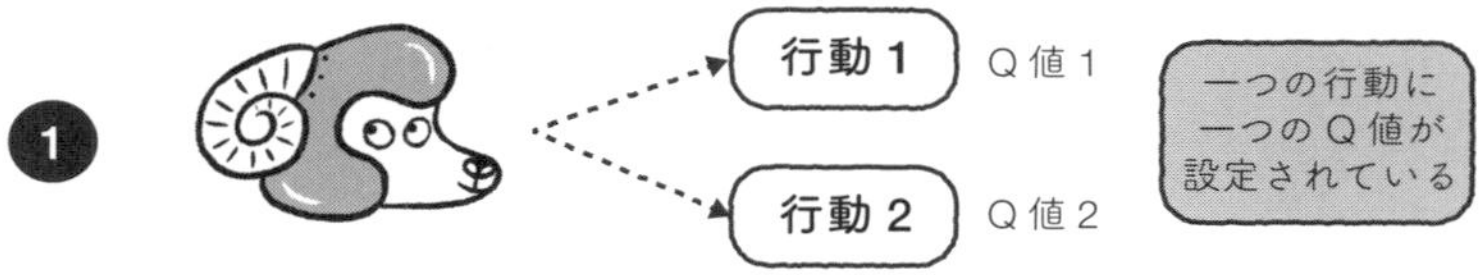
1
行動 1
Q 値 1
行動 2
Q 値 2
一つの行動に
一つの Q 値が
設定されている

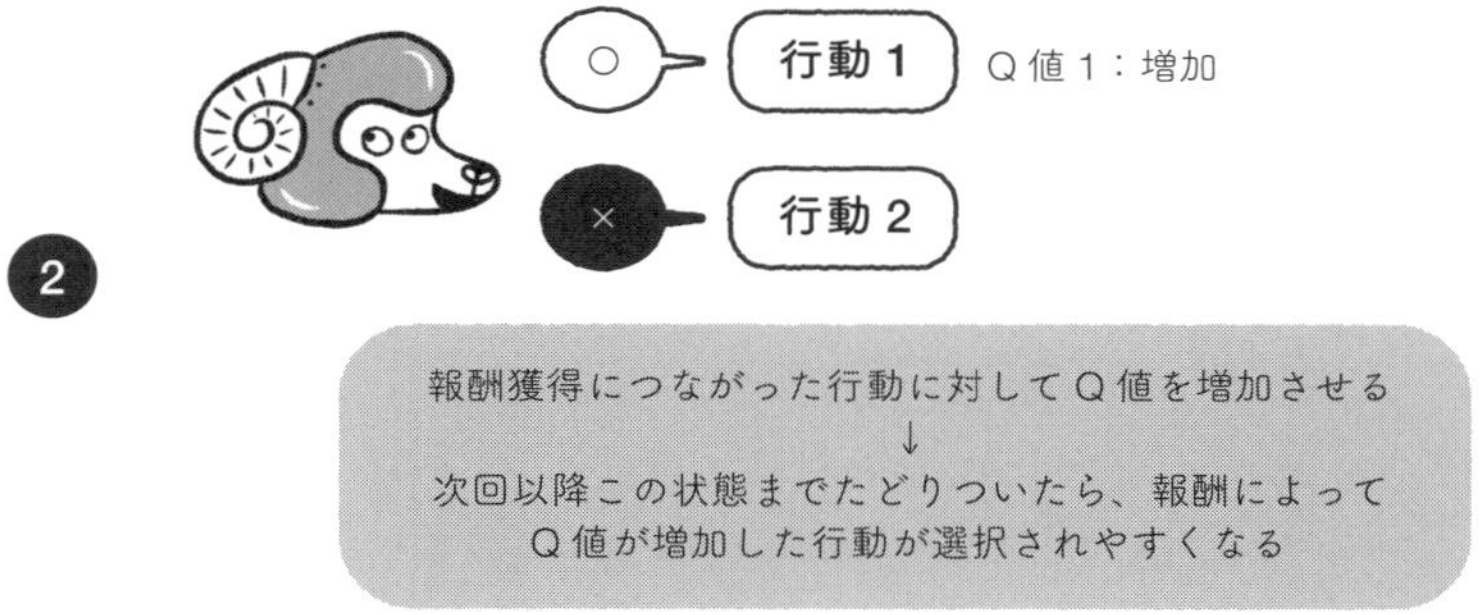
2
○
行動 1
Q 値 1：増加
×
行動 2
報酬獲得につながった行動に対して Q 値を増加させる
↓
次回以降この状態までたどりついたら、報酬によって
Q 値が増加した行動が選択されやすくなる

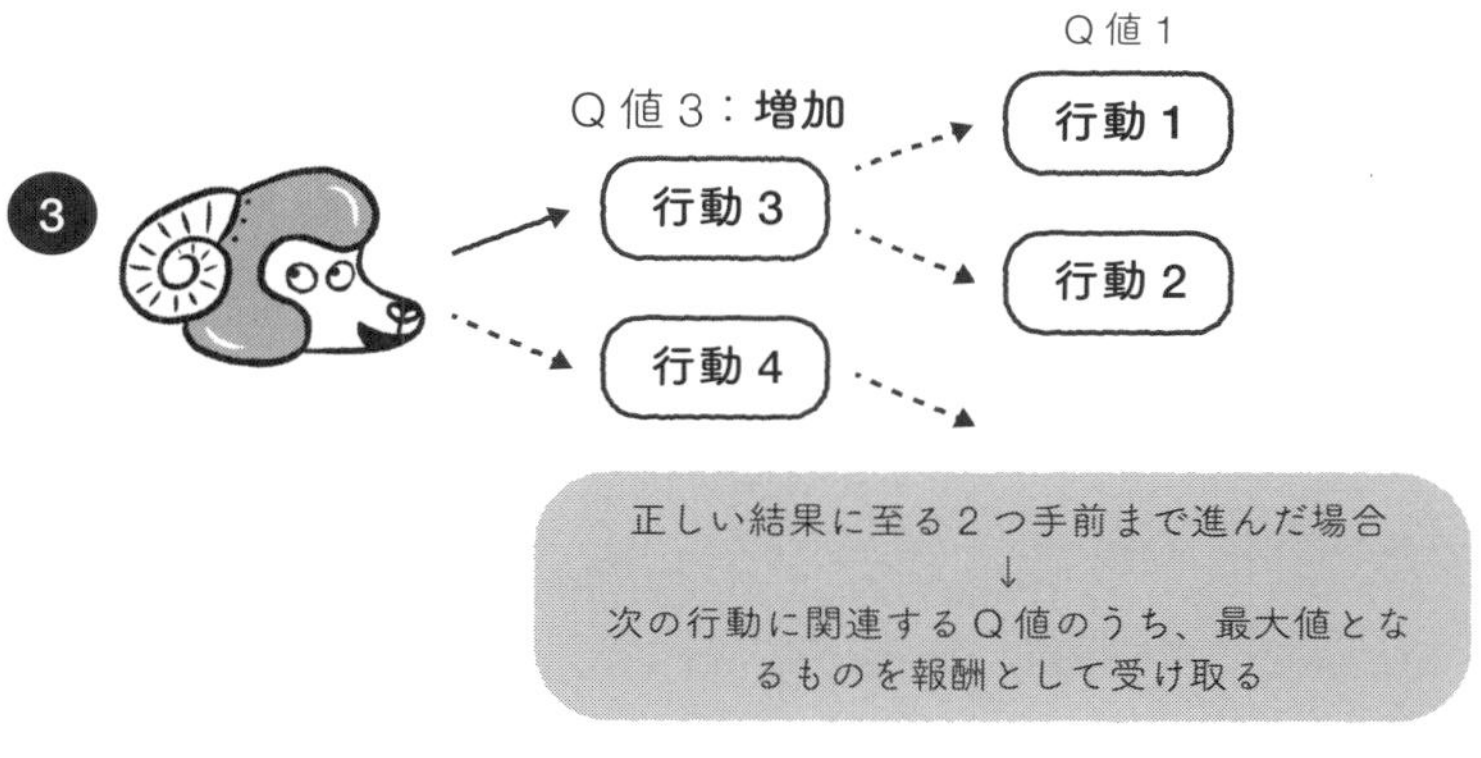
3
Q 値 3：増加
行動 3
行動 4
Q 値 1
行動 1
行動 2
正しい結果に至る 2 つ手前まで進んだ場合
↓
次の行動に関連する Q 値のうち、最大値とな
るものを報酬として受け取る

次の行動で、正しい結果に至る道筋の二つ手前まで状態が進んだとします。このときには、次の行動に関連付けられたQ値のうち、最大値のものを報酬として受け取ることにします。すると、正しい結果の二歩手前の状態に遷移する行動のQ値が上昇します（前ページ図❸）。

これを、さらにさかのぼって三歩前、四歩前と適用します。すると、報酬の得られる望ましい状態に向けて高いQ値の連鎖ができあがります。結果として望ましい行動の連鎖に関する知識が獲得されます。

まとめ

・Q学習は、一連の行動に対する報酬とは別に、行動に対する価値であるQ値が設定されている。
・Q学習の目的は、よりよい行動を導けるようなQ値を学習すること。

Q学習で迷路を脱出しよう！

さて、この街がこんなに入り組んだ構造になっているのは、モンテカルロ法やQ学習のような学習アルゴリズムを象徴しているからです。迷子にならないかどうか心配しているみたいですが、大丈夫ですよ。出口までの道筋がはっきりわかっているわけではありませんが、ここまで説明してきた方法で実際に出口を探索することができます。ここからは、Q学習で迷路を脱出してみましょう。

Q学習の具体例として、実際にこの迷路を抜ける知識を獲得していきます。まず、この迷路の分岐点はすべて二股で構成されています。つまり、ある状態において二つのドアのいずれかを選択するという行動を繰り返して、最後に〝当たり〟のゴールに到達する知識を手に入れます。ミニチュアの迷路を使って、小さな電気羊に試行錯誤を繰り返してもらいましょう。

Q値が小さい
Q値が大きい

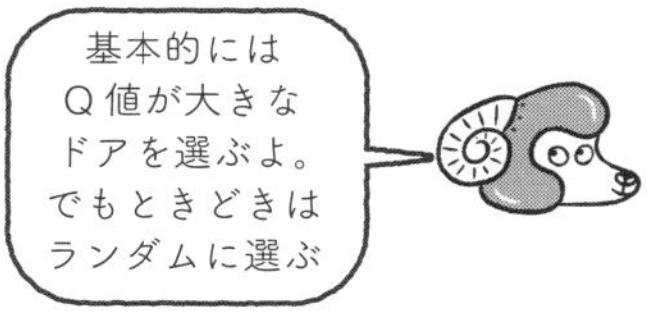
基本的には
Q値が大きな
ドアを選ぶよ。
でもときどきは
ランダムに選ぶ

左図❶は迷路の構成を示しています。この迷路はスタート地点ｓ０から始めて、左右どちらかのドアを開けて次の状態に移動します。当たりの状態はｓ14と示したゴールです。ドアを選ぶ際には、ドアごとに決められたQ値を参考にします。普通はQ値の大きなドアを選びますが、ときどきはランダムに選ぶことにします。

ドアを開けてゴールを探す試行を繰り返すと、たまたまゴールであるｓ14に至る場合があるでしょう。ゴールに到着すると報酬が与えられ、ｓ６からｓ14に至るドアについてのQ値が増加します。

その後の試行では、今度はｓ２からｓ６に至るドアのQ値が増加し、さらにｓ０からｓ２へのドアのQ値が増加します。こうして試行を繰り返すことで、スタートのｓ０からゴールのｓ14へ至る道筋にあるドアについてQ値が増加し、この道筋が選択されやすくなっていきます。こうして、スタートからゴールへ移動するための知識が獲得されます。このように試行を繰り返すことで、より適切な道筋を学習できます。

❶

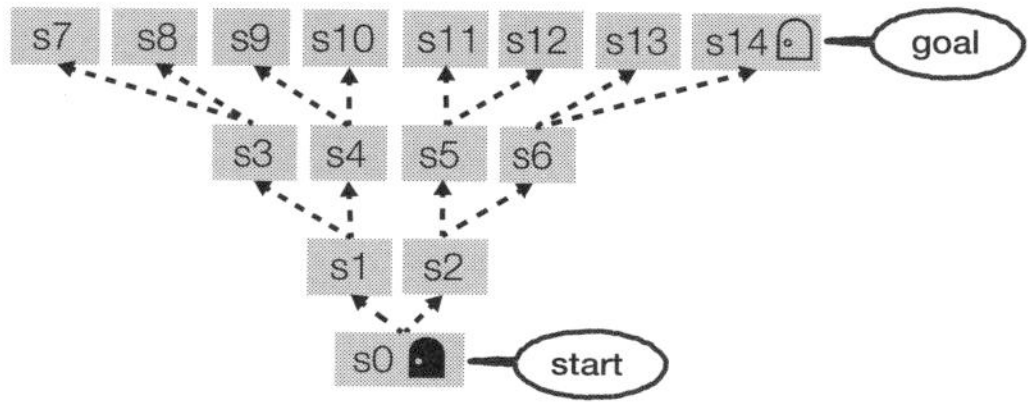
s7
s8
s9
s10
s11
s12
s13
s14
goal
s3
s4
s5
s6
s1
s2
s0
start

❷

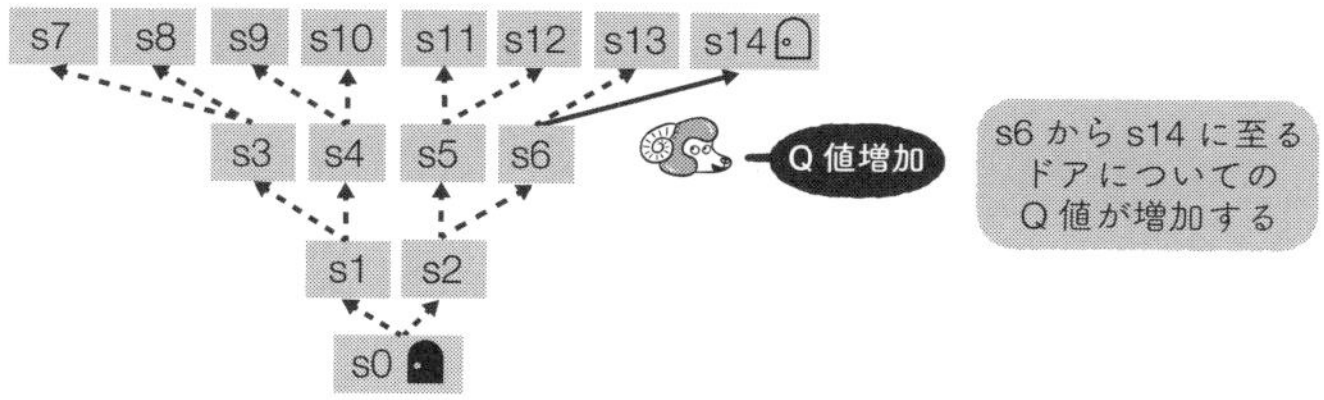
s7
s8
s9
s10
s11
s12
s13
s14
s3
s4
s5
s6
Q値増加
s6からs14に至るドアについてのQ値が増加する
s1
s2
s0

❸

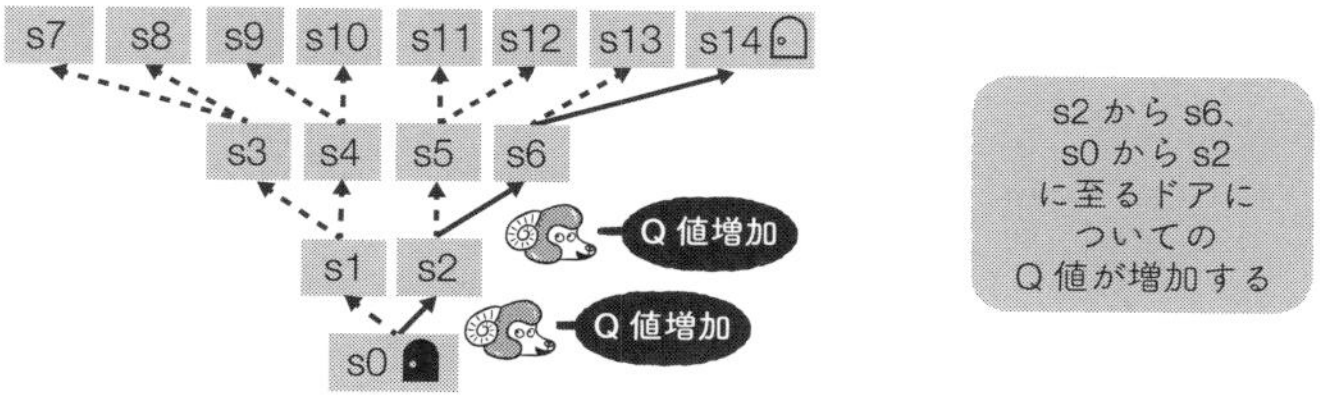
s7
s8
s9
s10
s11
s12
s13
s14
s3
s4
s5
s6
Q値増加
s1
s2
Q値増加
s0
s2からs6、s0からs2に至るドアについてのQ値が増加する

アプリのつぶやき

ここで紹介した強化学習の手法は、試行回数が膨大な量に上ることはなんとなくイメージできるでしょうか。とにかく試してみてうまくいったものを覚える、という流れは羊や人間の学習の仕組みとよく似ているのですが、機械は羊や人間ほど上手に自分の行動を振り返ることができません。みなさんはスポーツや勉強、あるいは歌や絵の練習などをしているとき、失敗の理由や成功の理由をなんとなく推測できることがあると思います。しかし機械にはこの「なんとなく」という感覚がないので、よい選択肢を選べたかどうかは報酬でしか判断できません。そのため、みなさんであれば無意識で省くような選択肢も何度も繰り返して良し悪しを判断しなければなりません。

とにかく回数を重ねて結果的にうまくいく方法を見つけ出す、というやりかたは力業みたいなものです。実際、強化学習は計算に時間がかかります。しかしコンピューターは飽きることがないので、最終的には動物が物理的に経験できない回数の試行を繰り返すことができます。

さて、小さな電気羊の試行錯誤も終わったみたいですね。この街の出口も見つかったので、さっそく次の街へと向かいましょう。

第六章

神経回路の街①

—ニューラルネット—

神経細胞と神経ネットワーク

いよいよこの旅も終わりが近づいてきました。最後の街は膨大な量のデータを扱う**ディープラーニング**につながる街です。ずいぶんとウネウネした街ですが、これはこの街が生物の神経系を模倣しているからです。

ディープラーニング、あるいは**深層学習**《しんそうがくしゅう》という言葉を聞いたことがある人も多いでしょう。ディープラーニングは、**人工**《じんこう》**ニューラルネットワーク**を発展させた技術です。人工ニューラルネットワークは生物の神経系の働きを真似して作られた情報処理の仕組みで、たとえば「画像に何が写っているか」を判断する画像認識や、家電のオンオフを自動的に切り換える機械制御の仕組みなどに活用されています。まずは人工ニューラルネットワークの仕組みについて説明していくので、なぜこの仕組みで家電を動かしたり止めたりできるのか考えながら聞いてみてください。

最初に、人工ニューラルネットワークのヒントとなった生物の神経系について説明します。神経系は生物の体をコントロールする仕組みの一つです。もう一つのコントロールシステムに内分泌系がありますが、神経系は内分泌系と比較して高速な処理が行えるのが特徴です。これは内分泌系がホルモンと呼ばれる物質が

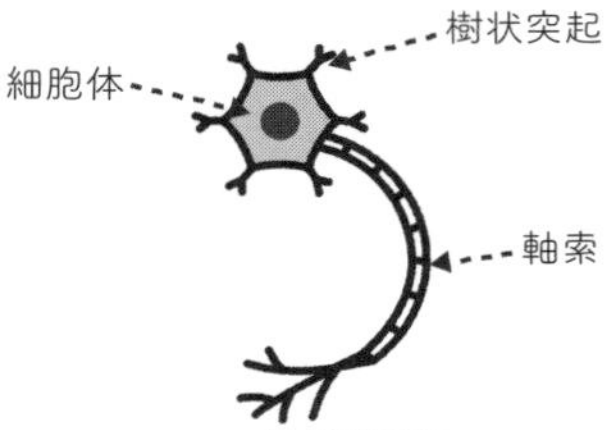

神経細胞

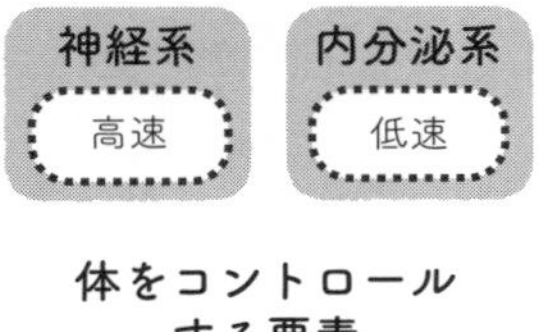

体をコントロールする要素

情報を伝達するのに対して、神経系が電気信号を伝達するためです。

神経系は、情報を処理する働きをもつ**神経細胞**《しんけいさいぼう》がたくさん結合することで構成されます。神経細胞は細胞の中心である**細胞体**《さいぼうたい》と、細胞体への入力を受け付ける**樹状突起**《じゅじょうとっき》、それに細胞体からの出力信号を伝達する**軸索**《じくさく》から構成され、電気信号で情報を伝達・処理します。電気信号は、電気を帯びた物質（**イオン**）が細胞の内外を出入りすることで生じます。

樹状突起では、シナプスを介して他の神経細胞からの信号を受け取ることができます。他の神経細胞から電気信号を受け取ると、神経細胞は内部状態が変化してその結果を他の細胞に伝えます。おおまかですがこれが生物の神経系の働きで、この情報伝達の仕組みを模倣したものが人工ニューラルネットワークです。以下、人工ニューラルネットワークのことを単に**ニューラルネット**と呼びます。

まとめ

- 人工ニューラルネットワークは、深層学習の基礎となっている。
- 人工ニューラルネットワークは、生物の神経系の情報伝達を模倣している。

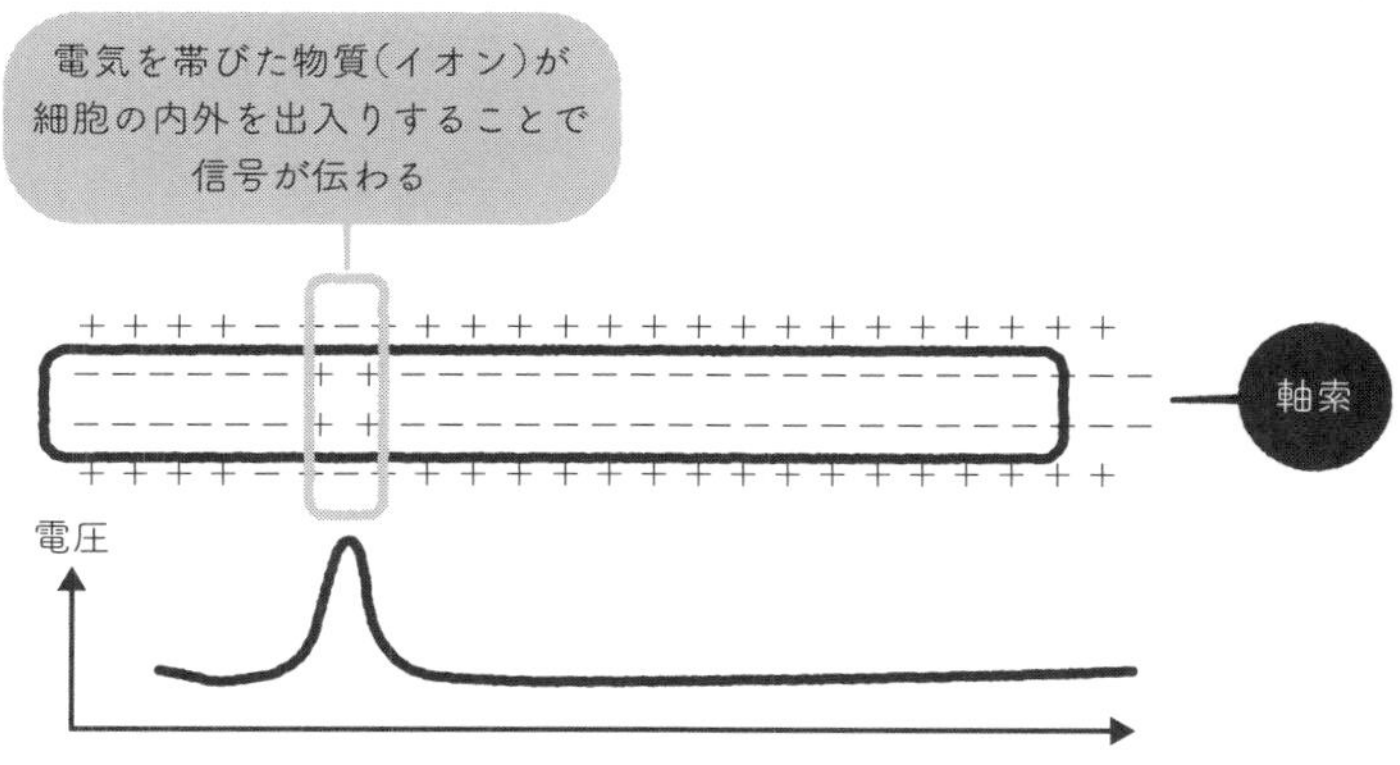
電気を帯びた物質（イオン）が
細胞の内外を出入りすることで
信号が伝わる
軸索
電圧

神経細胞の模倣－人工ニューロン－

さきほど「ニューラルネットは生物の神経系を真似た情報処理の仕組みだ」と述べました。これをもう少し丁寧かつ具体的に表現すると、「何か数値を入力すると、一定のルールに従って一つの数値を出力するもの」だといえます。

ニューラルネットはたくさんの人工ニューロンの組み合わせでできたネットワークです。ニューラルネットが神経系なら、人工ニューロンは神経細胞です。左図❶は人工ニューロンの構成を表しています。

生物の神経細胞と同じく、人工ニューロンは**多《た》入力《にゅうりょく》一《いち》出力《しゅつりょく》**の計算素子です。入ってくる数値はたくさんあるけど出てくる数値は一つだ、ということですね。人工ニューロンに複数存在する入口（**入力《にゅうりょく》端子《たんし》**）には、**重《おも》み**、または**結合《けつごう》荷重《かじゅう》**と呼ばれる定数が割り当てられています。重みは各入力端子それぞれに対して個別に設定されています。入力された数値は、それぞれ重みを掛けて足し合わされます。そこから**しきい値**と呼ばれる定数が引き算されます。

こうして求めた数値を、今度は**伝達《でんたつ》関数《かんすう》**や**出力《しゅつりょく》関数《かんすう》**、あるいは**活性《かっせい》化《か》関数《かんすう》**と呼ばれる関数に与えます。伝達関数の出力が人工ニューロンの出力となります。

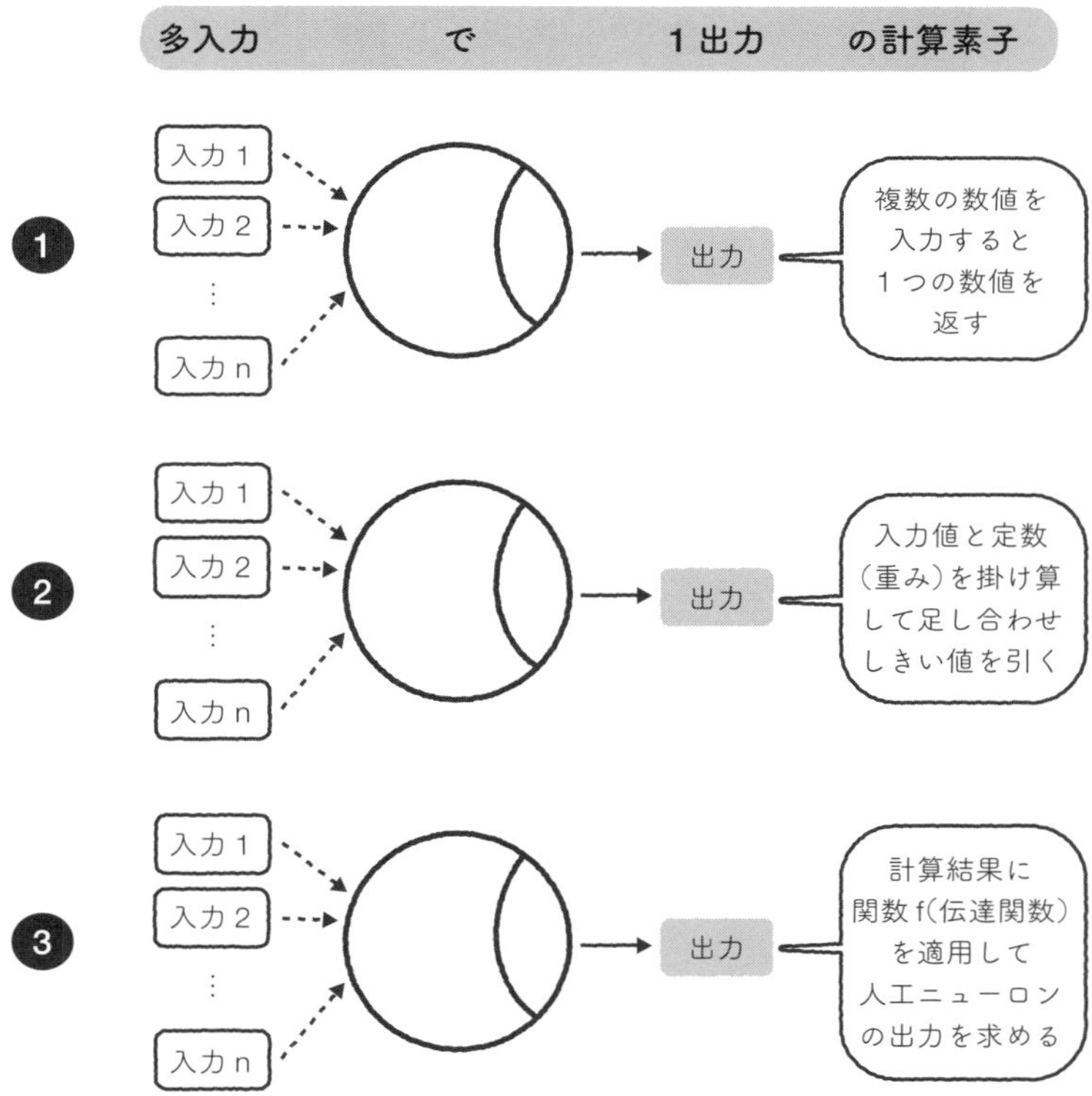
多入力　で　1出力　の計算素子
❶
入力1
入力2
⋮
入力n
出力
複数の数値を
入力すると
1つの数値を
返す
❷
入力1
入力2
⋮
入力n
出力
入力値と定数
（重み）を掛け算
して足し合わせ
しきい値を引く
❸
入力1
入力2
⋮
入力n
出力
計算結果に
関数f（伝達関数）
を適用して
人工ニューロン
の出力を求める

伝達関数には、**ステップ関数**や**ランプ関数**（ReLU《レルー》）などがあります。ステップ関数は入力がマイナスなら0を出力し0以上なら1を出力する関数、ランプ関数は入力が0以下なら0を出力し0より大きいと入力をそのまま出力する関数です。

例として、左図のような二入力の人工ニューロンの計算例を考えます。ここでは、伝達関数としてステップ関数を利用することにしましょう。

左図❶のように入力1に0、入力2に1を与えたとき、入力の集計結果はマイナス0・5なので、ステップ関数を利用すると出力は0となります。今度は左図❷のように両方の入力に1を加えると、入力の集計結果は0・5となるので、伝達関数としてステップ関数を利用すると出力は1となります。このように人工ニューロンは入力値に応じた出力を計算する働きがあります。

左図❸は、しきい値だけを0・5に変えたものです。入力1に0、入力2に1を与えると、しきい値以外は図❶と同じですが、出力は1となります。このことから、人工ニューロンでは重みやしきい値などの定数を少し変更するだけで、出力結果が大きく変化することがわかります。

まとめ

・人工ニューロンは、多種類の入力から一つの出力を出す（多入力一出力）。
・人工ニューロンの計算には、重み、しきい値、伝達関数などが使われる。

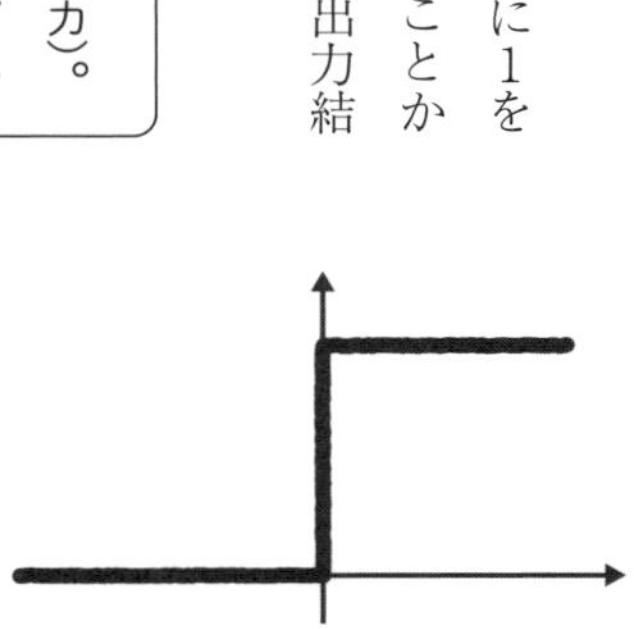

ステップ関数

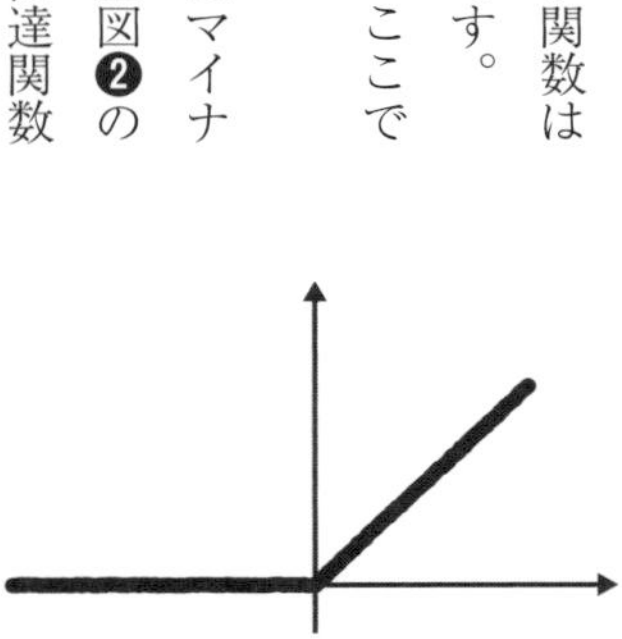

ランプ関数（ReLU）

1

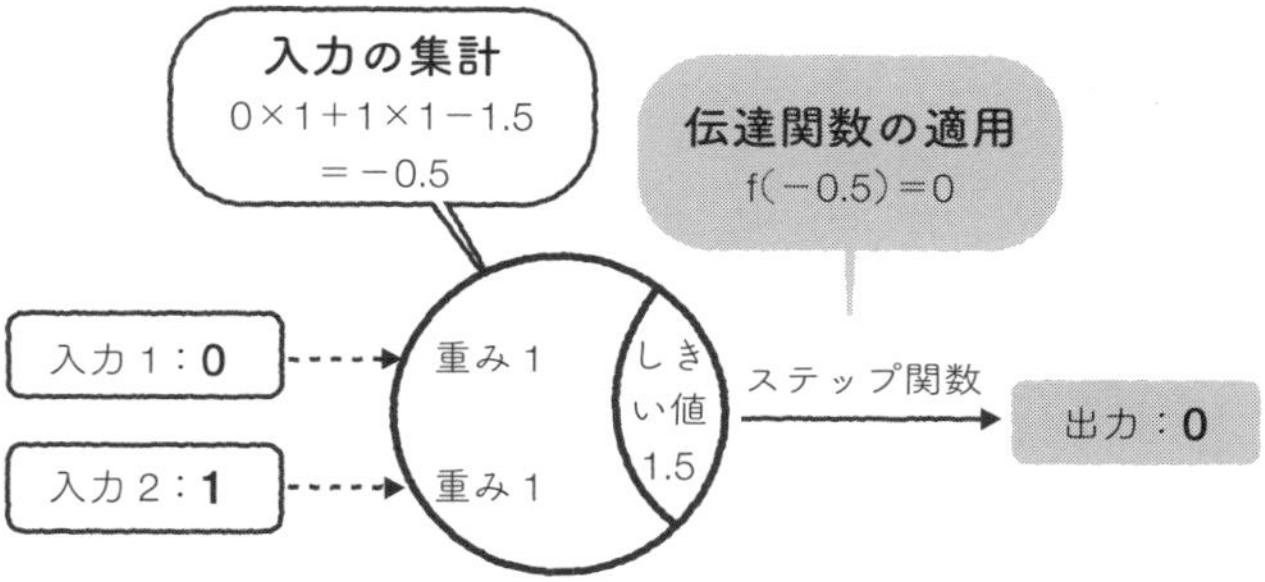
入力の集計
0×1＋1×1－1.5
＝－0.5
伝達関数の適用
f(－0.5)＝0
入力 1：0
入力 2：1
重み 1
重み 1
しきい値
1.5
ステップ関数
出力：0

2

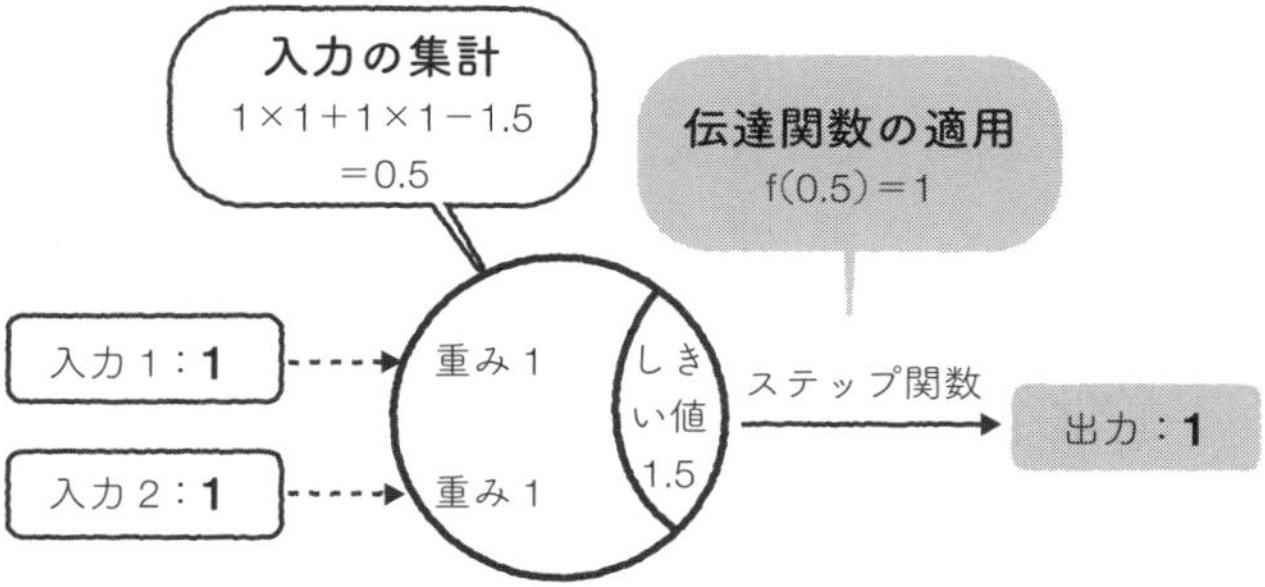
入力の集計
1×1＋1×1－1.5
＝0.5
伝達関数の適用
f(0.5)＝1
入力 1：1
入力 2：1
重み 1
重み 1
しきい値
1.5
ステップ関数
出力：1

3

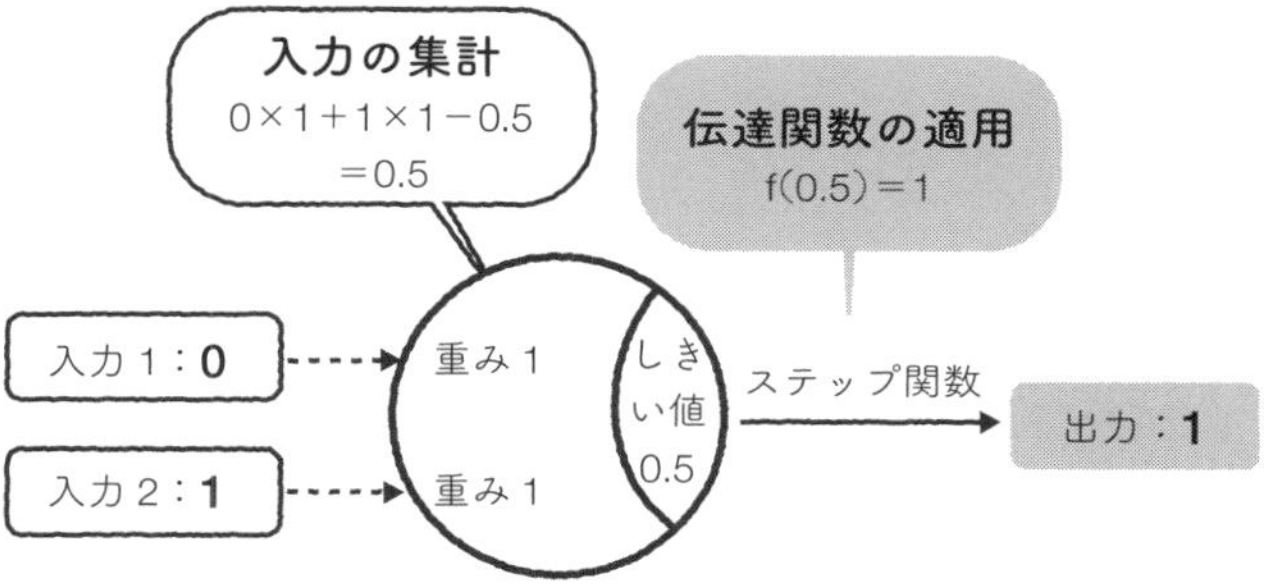
入力の集計
0×1＋1×1－0.5
＝0.5
伝達関数の適用
f(0.5)＝1
入力 1：0
入力 2：1
重み 1
重み 1
しきい値
0.5
ステップ関数
出力：1

神経ネットワークの模倣ー人工ニューラルネットワークー

人工ニューロンを組み合わせると、ニューラルネットワークができあがります。左図❶は層状に人工ニューロンを配置した**階層型《かいそうがた》ニューラルネット**と呼ばれる構成例です。

図のニューラルネットは二つの入力を備えています。入力に与えられた信号は左図❷のように二つの人工ニューロンにそれぞれ与えられ、それぞれの人工ニューロンは設定された重みとしきい値などを使ってそれぞれの出力を計算します。入力側の人工ニューロンによって処理された結果の出力値は、次段の人工ニューロンの入力値となります。ここでも人工ニューロンの設定に従って計算が行われて、出力値が算出されます。

今回も具体的な計算例を見てみましょう。左図❸は具体的な重みやしきい値を設定したニューラルネットの例です。この例では伝達関数としてステップ関数を用います。このニューラルネットに図に示すような入力値を与えると、吹き出しで示した計算手順を経て、出力値1が求まります。

まとめ

・人工ニューラルネットワークは、人工ニューロンを組み合わせたもの。
・層状に人工ニューロンを組み合わせたニューラルネットを、階層型ニューラルネットと呼ぶ。

❶

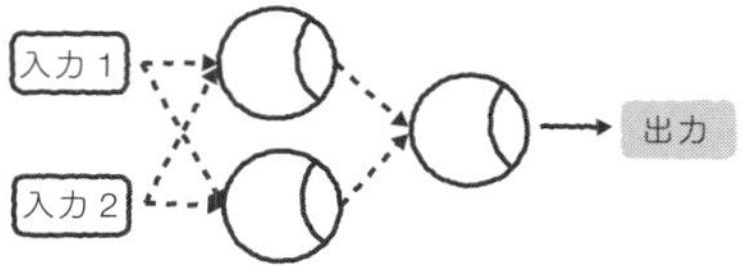
入力 1
入力 2
出力

❷

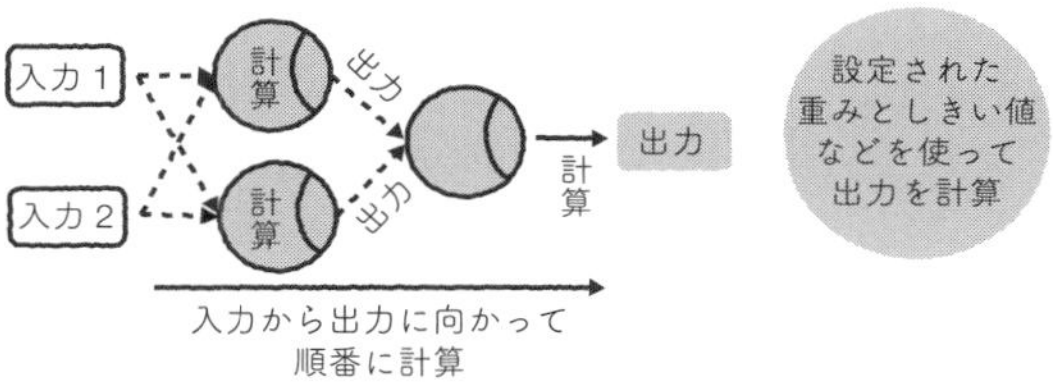
入力 1
入力 2
計算
計算
出力
出力
出力
計算
入力から出力に向かって
順番に計算
設定された
重みとしきい値
などを使って
出力を計算

❸

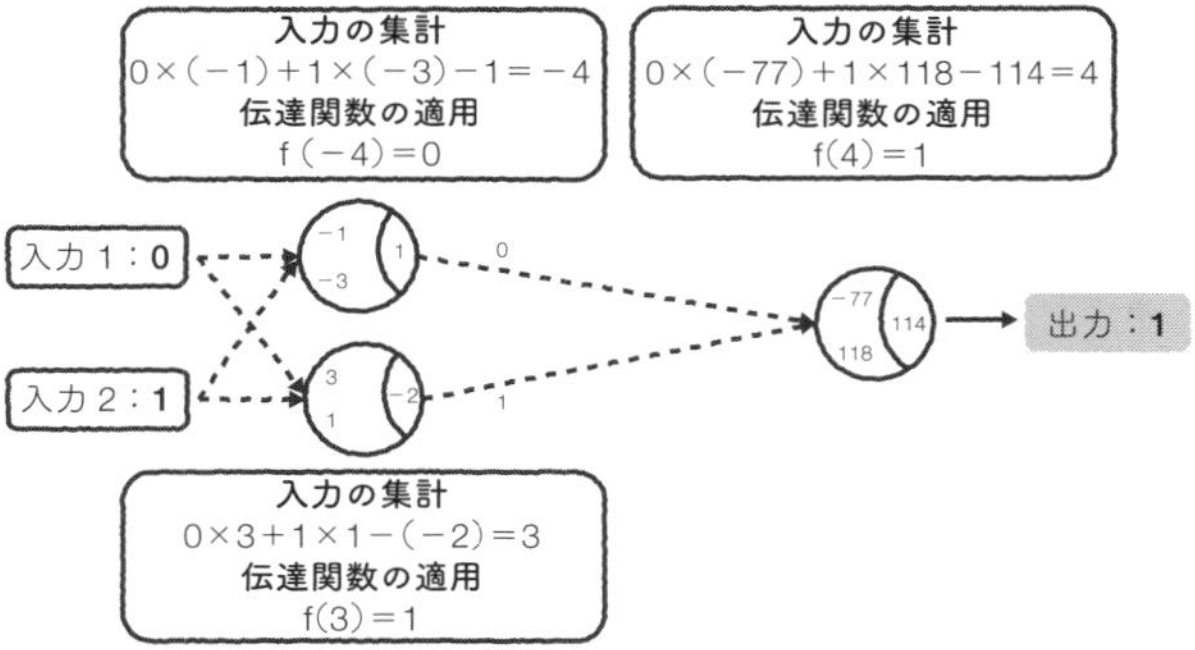
入力の集計
0×(−1)+1×(−3)−1=−4
伝達関数の適用
f(−4)=0
入力の集計
0×(−77)+1×118−114=4
伝達関数の適用
f(4)=1
入力 1：0
入力 2：1
出力：1
入力の集計
0×3+1×1−(−2)=3
伝達関数の適用
f(3)=1

ニューラルネットの学びかた

ニューラルネットの計算結果は、ネットワークを構成する各人工ニューロンの重みやしきい値、伝達関数などの**パラメーター**を調整することで利用者の望むものにできます。ニューラルネットの学習とは希望する結果が得られるようにパラメーターを決定することを指し、次の❶から❹に示す手順で行います。

❶ 学習データの一つを入力として与え、出力を計算する
❷ 教師データとネットワーク出力を比べて、誤差を計算する
❸ 誤差が小さくなるように重みとしきい値を調節する。つまり、教師データと比べてニューラルネットの出力が大きすぎる場合は出力が小さくなるように重みとしきい値を調節し、逆なら大きくなるように調節する
❹ ❶~❸を繰り返す

まとめ

・ニューラルネットの学習は、順方向の計算→教師データとの誤差算出→パラメーターの調整を繰り返し、誤差を小さくすることで行う。

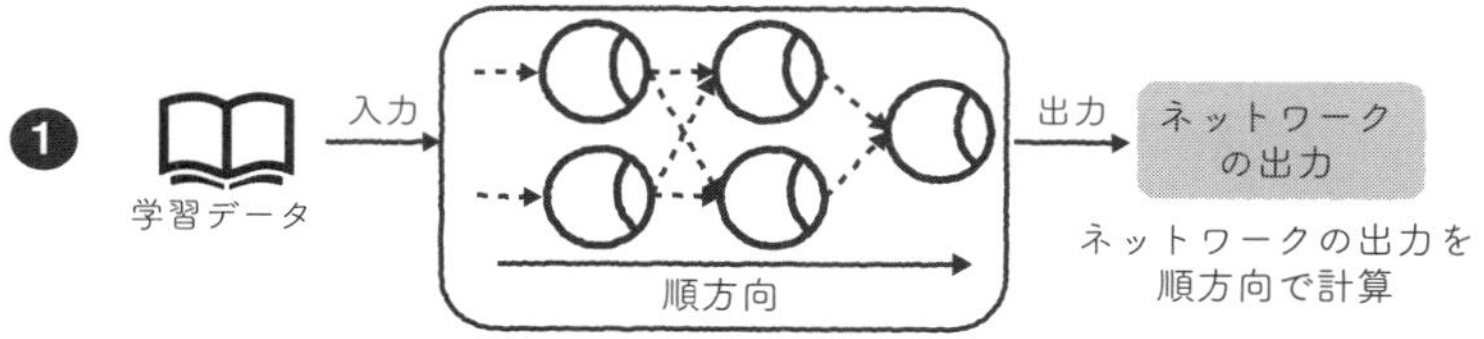
❶
入力
学習データ
出力
ネットワークの出力
順方向
ネットワークの出力を
順方向で計算

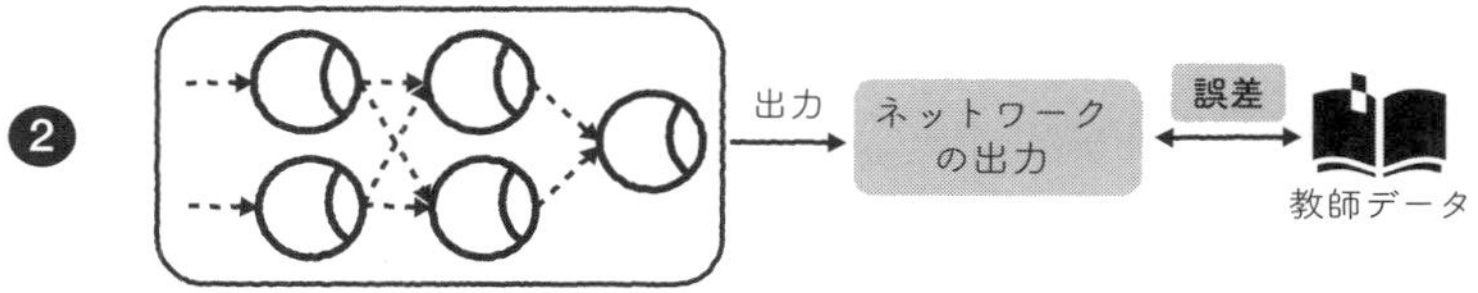
❷
出力
ネットワークの出力
誤差
教師データ

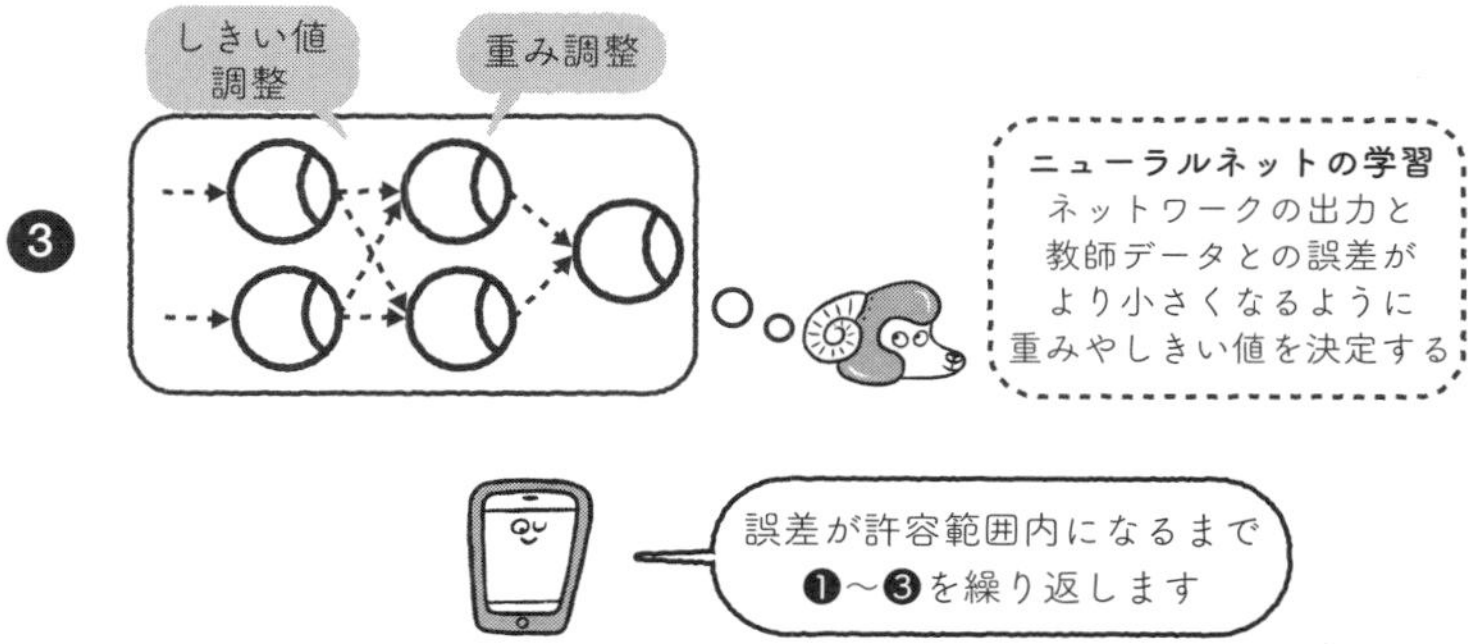
❸
しきい値調整
重み調整
ニューラルネットの学習
ネットワークの出力と
教師データとの誤差が
より小さくなるように
重みやしきい値を決定する
誤差が許容範囲内になるまで
❶～❸を繰り返します

視覚のシミュレーション―パーセプトロン―

ここでいったん、ニューラルネットの歴史に触れてみましょう。ここで紹介する**パーセプトロン**は、左図❶に示すような階層構造をもったニューラルネットです。生物の視覚や脳の働きを模擬することを目的に一九五〇年代に開発され、二〇世紀中頃の一九五〇年代から一九六〇年代にかけて研究が進みました。しかし処理能力の限界から、一九七〇年代に入ると研究が下火になりました。

左図❶において、入力層の人工ニューロンは入力信号をそのまま中間層に伝える機能しかありません。また、入力層から中間層への結合では重みがランダムに与えられます。中間層から出力層の結合では学習によって決定した重みを用います。

出力層の学習は、誤差の大きさによって重みとしきい値を調節することで行います。具体的には、ある入力値に対して出力値が大きすぎる場合には出力を減らすように、重みとしきい値を調節します。逆に、出力値が小さすぎるのなら、出力値が大きくなるように重みとしきい値を調節します。

このようにパーセプトロンは、中間層のパラメーターを乱数で初期化し、出力層のみ学習によって重みとしきい値を変更します。このため、必ずしも望みの入出力関係を得られるとは限りません。この限界を打ち破って中間層の重みとしきい値を学習するためには、バックプロパゲーションと呼ばれる学習アルゴリズムを利用する必要があります。

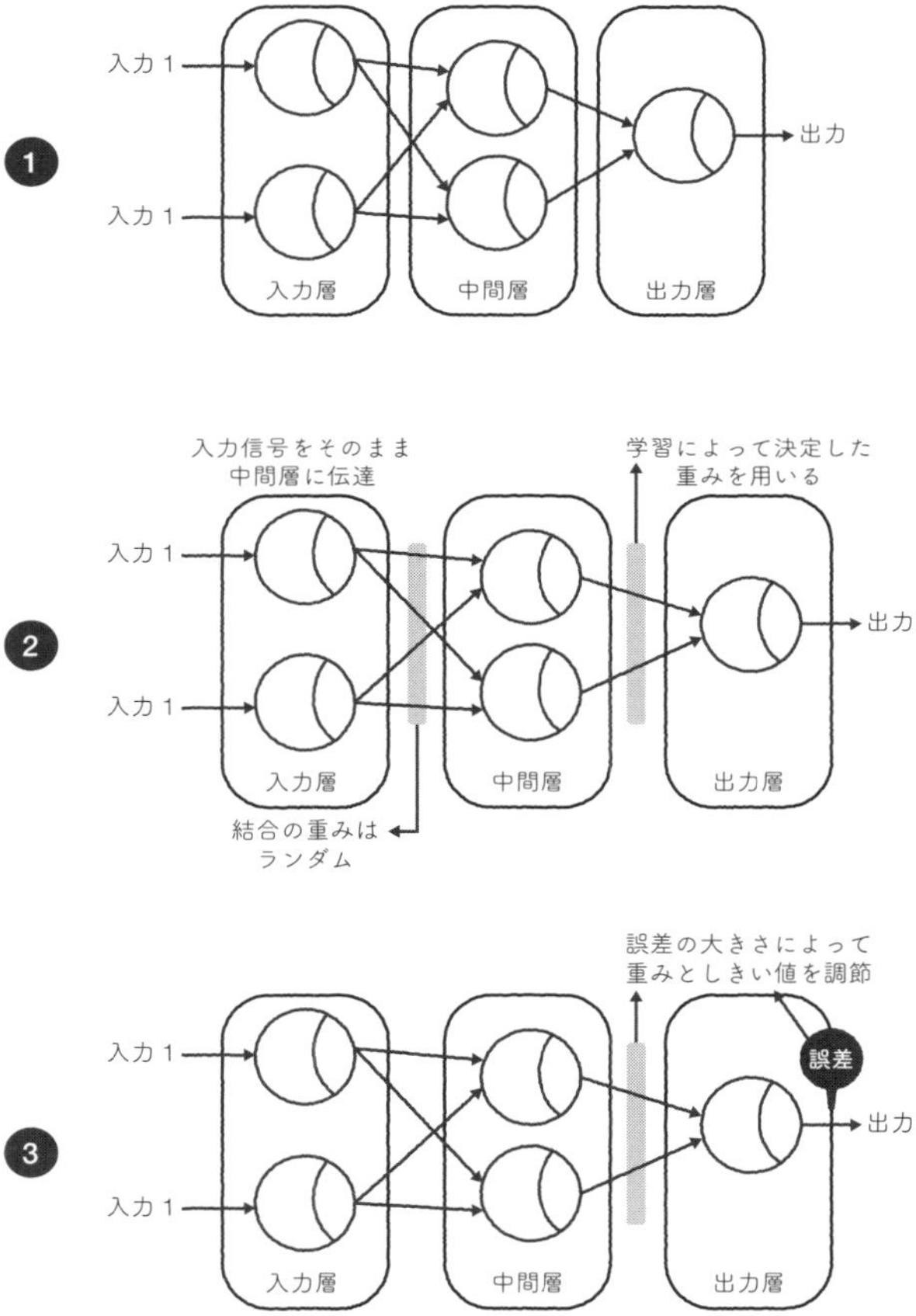

まとめ

・パーセプトロンは、入力層・中間層・出力層からなる。
・パーセプトロンは、中間層から出力層への結合に学習した重みを使用し、それ以外には使用しない。

ハイスピードで学ぼう！　ーバックプロパゲーションー

バックプロパゲーションは、左図❶に示すような階層型ニューラルネットにおいて、中間層を含めて重みとしきい値を学習するアルゴリズムです。

まず、学習データセットから一つデータを取ってきます。このデータについて、入力層から出力層に向けて左図❷のように順方向の計算を行います。するとネットワークの出力値が求まります。この値と教師データと比べることで、ネットワーク出力の誤差を求めます。次に左図❸のように求めた誤差値を使って、出力層の重みとしきい値を調節します。続いて左図❹のように、出力の誤差値を出力層の重みに比例して、中間層の各人工ニューロンの誤差として配分します。配分された誤差値を用いて、出力層の場合と同様にして中間層の重みとしきい値を学習します。

バックプロパゲーションでは、出力側に生じた誤差を入力方向に伝搬させることで学習を進めます。このため、この学習アルゴリズムをバックプロパゲーション（**誤《ご》差《さ》逆《ぎゃく》伝《でん》播《ぱ》**）と呼ぶのです。

まとめ

・バックプロパゲーションは、出力側で学習した重みに比例して、入力側の重みとしきい値を調整するアルゴリズム。

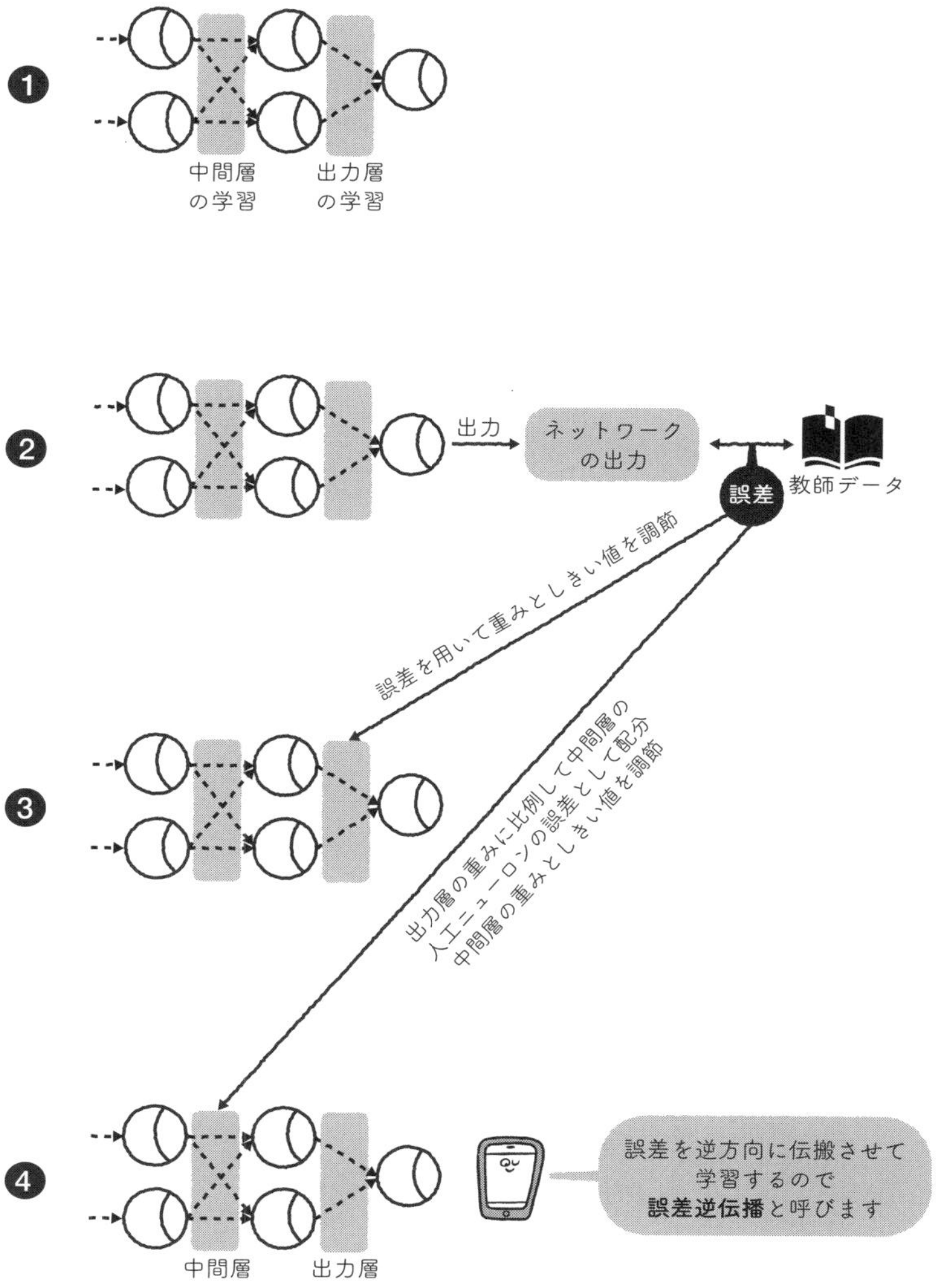

1
中間層の学習
出力層の学習
2
出力
ネットワークの出力
誤差
教師データ
誤差を用いて重みとしきい値を調節
3
出力層の重みに比例して中間層の
人工ニューロンの誤差として配分
中間層の重みとしきい値を調節
4
中間層
出力層
誤差を逆方向に伝搬させて
学習するので
誤差逆伝播と呼びます

ニューラルネットワークの種類① 階層型

ニューラルネットは人工ニューロンの組み合わせかたによってさまざまなタイプが構成可能です。下図に示す階層型ニューラルネットは、入力信号を受け取る入力層から複数の中間層を経由して出力層に至る信号伝達経路を有しています。各階層は一般に複数の人工ニューロンから構成されます。

階層型ニューラルネットでは、入力層から出力層に向けて一方向に信号が伝達します。入力から出力に向けた伝達方向を**順方向**《じゅんほうこう》と呼びます。階層型ニューラルネットの順方向の計算は、掛け算や足し算、それに簡単な関数の計算だけで構成され、繰り返し処理を含みません。このため、順方向の計算はきわめて高速に実施することが可能です。

これに対して、各人工ニューロンのパラメーターを適切に設定して望みの入出力関係を得る学習手続きでは、多くの回数繰り返し処理が必要となります。これには順方向の計算とは比べものにならないほどの手数がかかります。

階層型ニューラルネットの特殊な例として、**自己組織化マップ**（Self-Organizing Map、**SOM**《ソム》）と呼ばれるニューラルネットがあります。自己組織化マップは、多くの特徴量で表現される高次元のデータを、一次元や二次元の

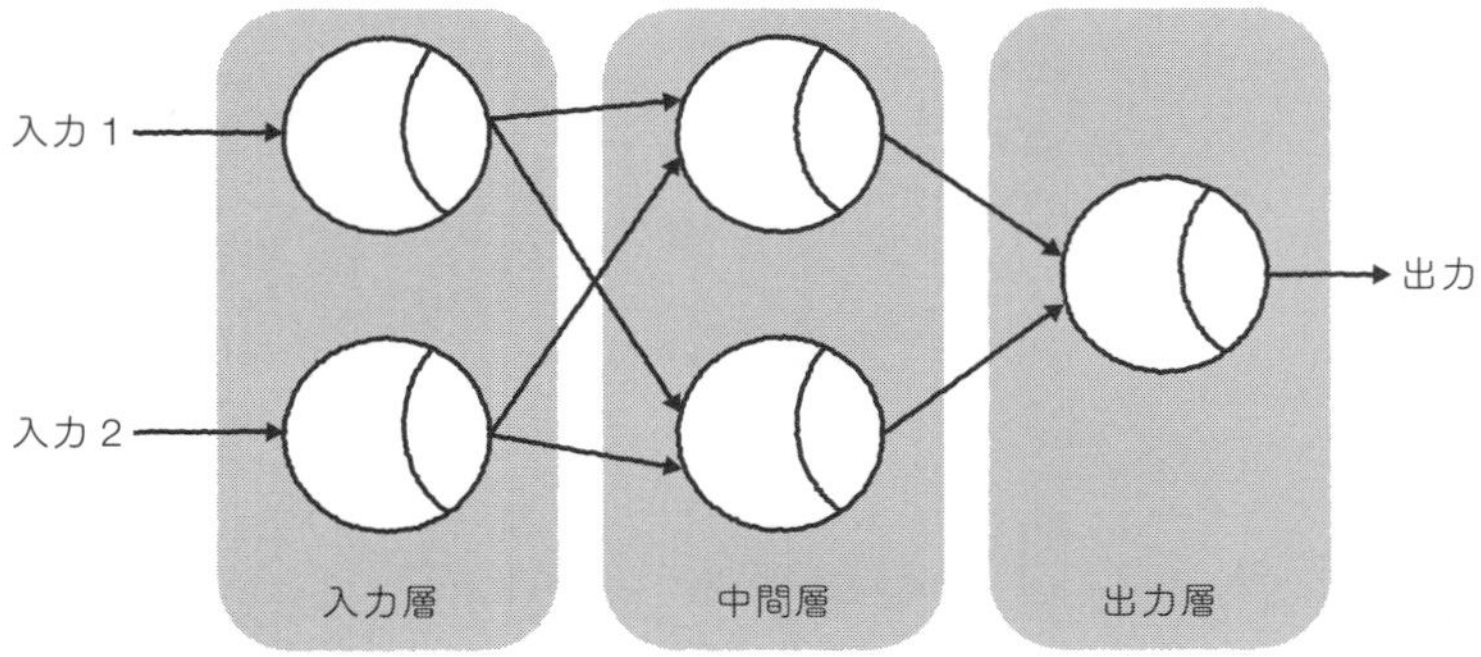

データの並びに変換して可視化するツールとしてよく用いられます。

下図は、二次元の自己組織化マップを表現したものです。自己組織化マップは、学習データが与えられるとそのデータと最もよく似た特徴量をもった人工ニューロンを選び出します。そのうえで選ばれた人工ニューロンおよびその周辺の人工ニューロンの特徴量を、入力された学習データに近づけるように変更します。これを繰り返すと、二次元の人工ニューロン上に特徴量のよく似た学習データが適宜配列されていきます。

このようにして、似たものを二次元上に配列することで分類するのが自己組織化マップの動作です。自己組織化マップは、教師データなしで分類知識を獲得する教師なし学習の代表例として知られています。

階層型ニューラルネットには、この他にも、たとえばディープラーニングでよく用いられる畳み込みニューラルネットなどがあります。畳み込みニューラルネットについてはのちほど説明します。

まとめ

- 入力層から出力層に向けた伝達方向を順方向と呼ぶ。
- 自己組織化マップ（SOM）は教師なし学習の代表例で、可視化ツールとしてよく使われる。

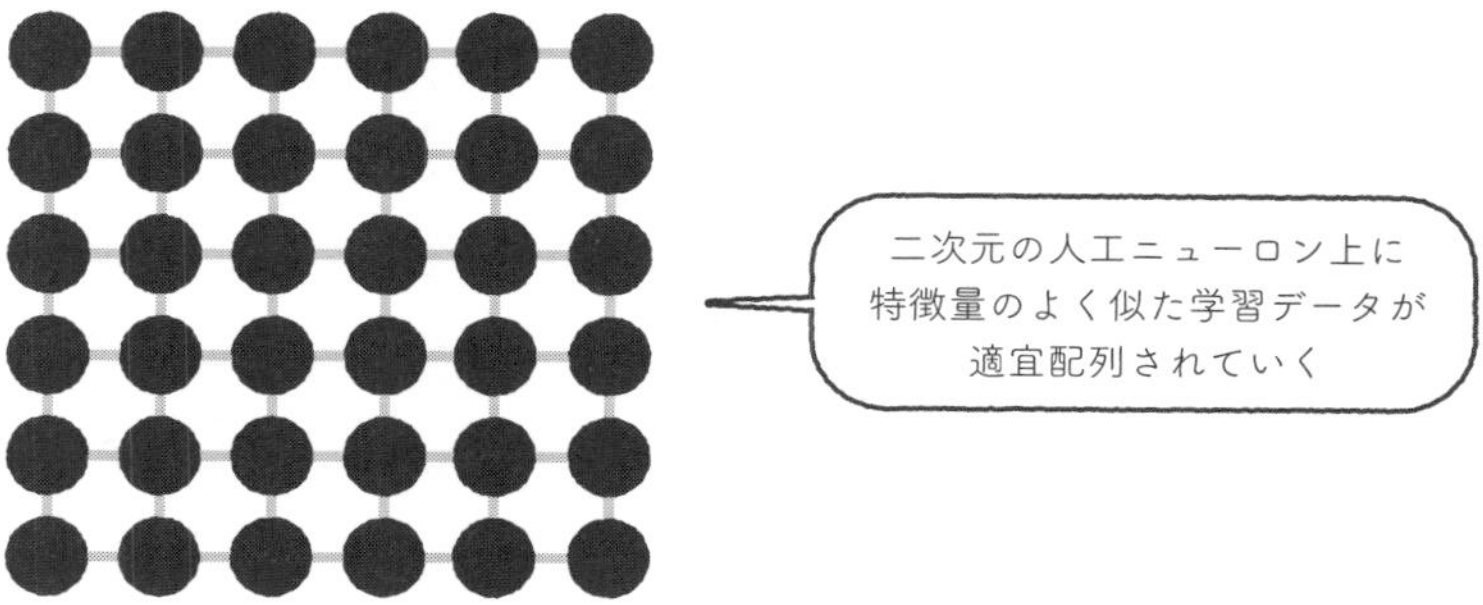
二次元の人工ニューロン上に
特徴量のよく似た学習データが
適宜配列されていく

ニューラルネットワークの種類② 全結合型と再帰型

階層型のニューラルネットに対して、階層をもたないネットワークもあります。たとえば左図❶のような、すべての出力が自分自身以外の人工ニューロンの入力に接続される全結合型のニューラルネットが考えられます。このネットワークでは入力層や出力層といった層の概念がありません。このようなネットワークは、とくに**ホップフィールドネットワーク**と呼ばれています。ホップフィールドネットワークは**連想記憶**《れんそうきおく》や**最適化問題**の解法に応用されています。

ホップフィールドネットワークでは、学習段階において学習データとして与えられた状態をネットワークが保持できるように、人工ニューロンのパラメーターを設定します。その後、何か入力が与えられると、あらかじめ学習した入力に対応するいずれかの状態に向けて内部状態が変化します。結果として、与えられた入力から連想された記憶のような出力が得られます。この挙動を連想記憶と呼びます。

次に、全結合型以外のネットワーク構造として再帰型のニューラルネットを考えましょう。階層型ニューラルネットは、入力から出力に向けて一直線に計算を進めます。ここで出力側の信号を入力側に戻すと、ネットワークの挙動は相当に異なったものとなります。このような出力から入力に向けて逆方向に信号を戻すような構

ホップフィールドネットワークの構造
（再帰型のニューラルネット）

❶

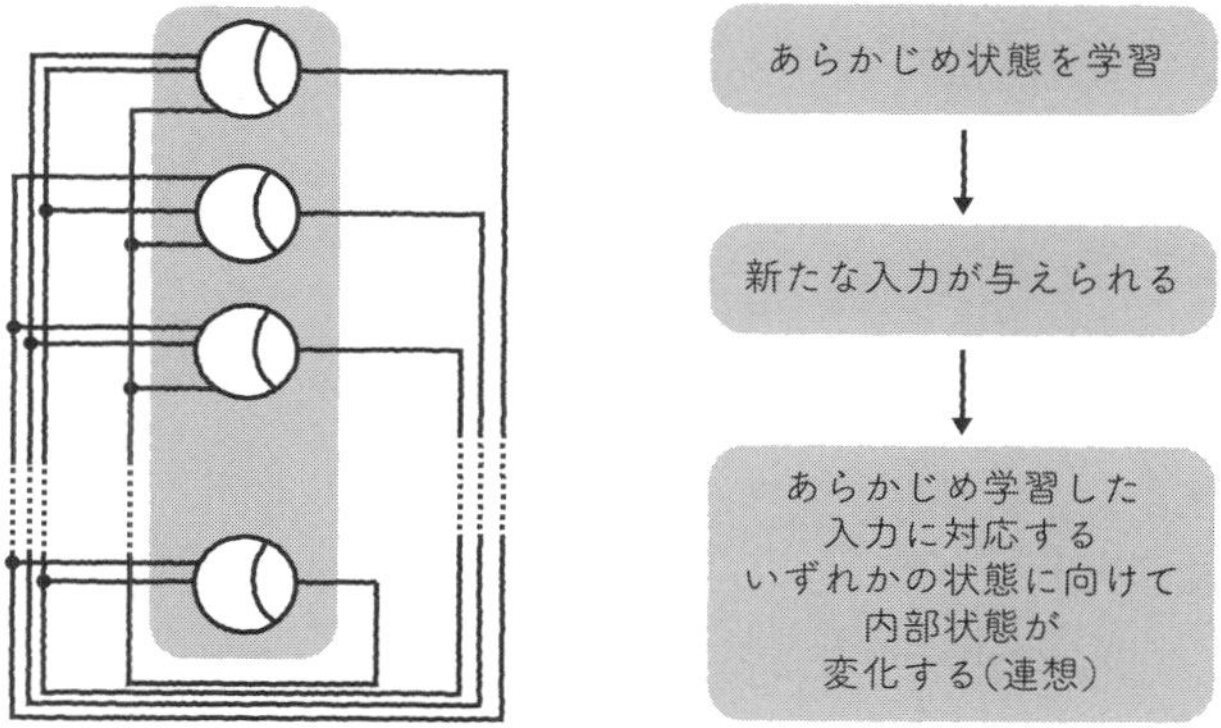
あらかじめ状態を学習
新たな入力が与えられる
あらかじめ学習した
入力に対応する
いずれかの状態に向けて
内部状態が
変化する（連想）

❷

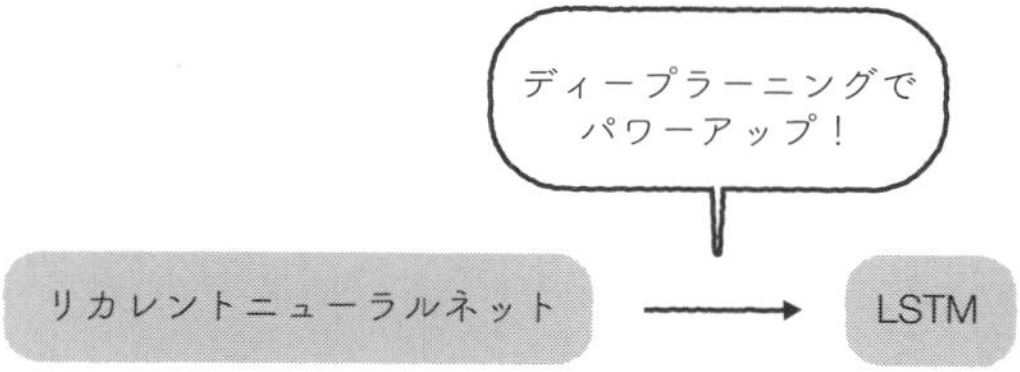
ディープラーニングで
パワーアップ！
リカレントニューラルネット
LSTM

造（**再帰型**《さいきがた》）をもつニューラルネットワークを**リカレントニューラルネット**と呼びます。

左図のリカレントニューラルネットは、中間層の出力の一部が入力層に戻される構造をもっています。

リカレントニューラルネットは、学習データの出現順番に依存した学習が可能です。たとえば出現時間順に複数の学習データを与えると、学習データに対する出力値を計算する際に、以前に与えられた学習データも考慮に入れた出力値を求めることができます。このためリカレントニューラルネットは、時間とともに変化するようなデータ（**時系列データ**《じけいれつ》）の学習に向いています。

時系列データには、たとえば気温の変化や株価変動、音響信号や音声データなどがあります。これらのデータは前後関係が重要な意味をもちますから、リカレントニューラルネットによる処理に向いています。

なお、ディープラーニングで用いられるＬＳＴＭは再帰型ニューラルネットの一種です。ＬＳＴＭについてはのちほど説明します。

まとめ

・非階層型ニューラルネットの例として、全結合型のホップフィールドネットワークか、再帰型のリカレントニューラルネットワークがある。

❶

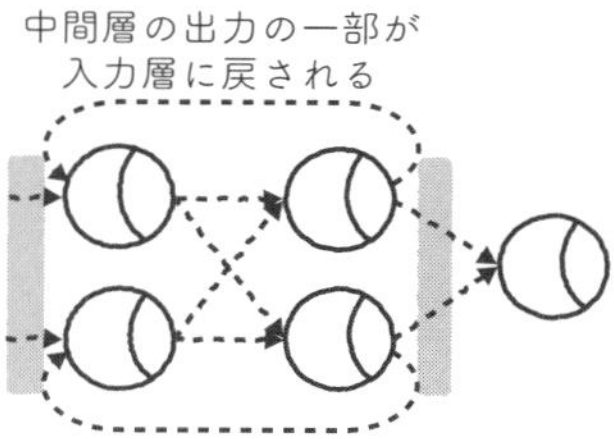
中間層の出力の一部が
入力層に戻される

❷

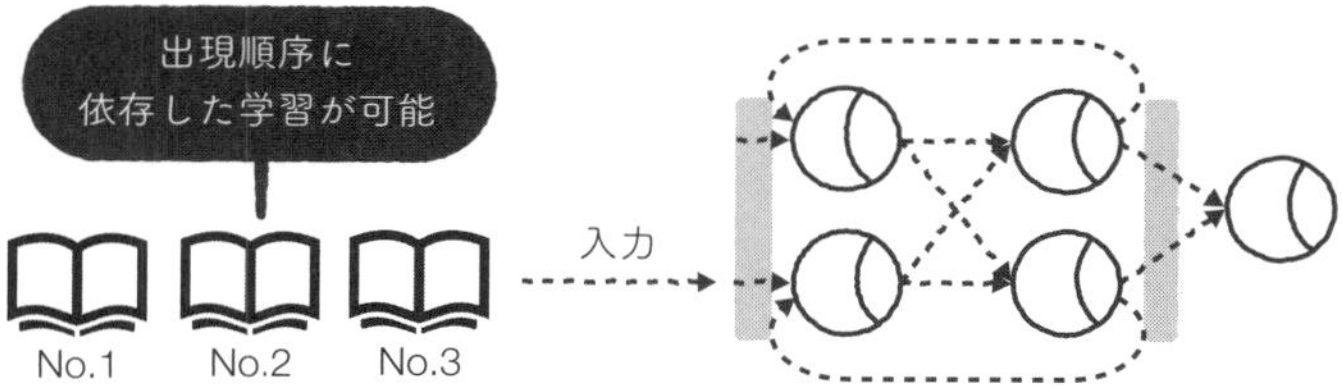
出現順序に
依存した学習が可能
No.1
No.2
No.3
入力

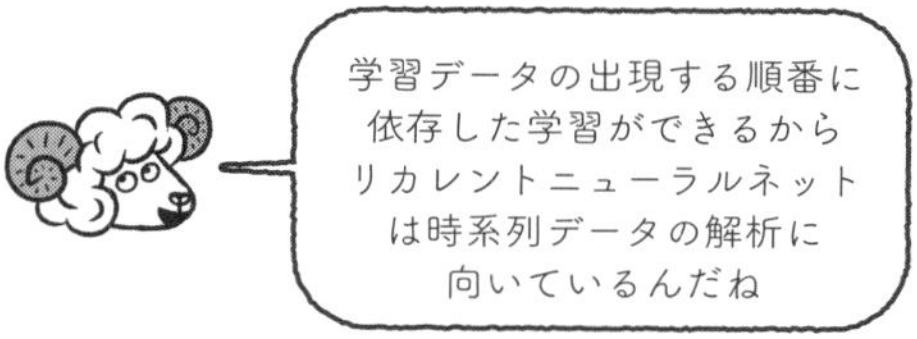
学習データの出現する順番に
依存した学習ができるから
リカレントニューラルネット
は時系列データの解析に
向いているんだね

「何か」を見つける ―認識―

ここまでニューラルネット自体の解説をしてきました。計算や学習の仕組み、代表的な構造などが理解できたかと思います。ところで、これらのニューラルネットは実際にはどのように使われてどんな風に役立っているのでしょうか。

ここからは「ニューラルネットを使って何かやってみる」ことについて考えてみます。まずはニューラルネットで「何か」を見つける方法、つまり**認識**《にんしき》について考えましょう。例として、数字の映像を見てその数字が0から9までのどの数字であるかを認識する、という**画像認識**《がぞうにんしき》を取り上げて説明します。

ニューラルネットへの入力は数値ですから、画像を入力するには画像を数値で表現しなければなりません。幸い最近のカメラは画像をデジタルデータとして扱いますから、そのデータをそのままニューラルネットに入力することができます。

画像のデジタルデータは、下図に示すように縦横に配列されたピクセルの集合です。各ピクセルに対応する形でニューラルネットの入力層を構成し、ピクセルの値を入力層の人工ニューロンに与えれば、画像データを入力することができます。

ニューラルネットの出力層には、十個の人工ニューロンを配置します。そして、それぞれの人工ニューロンの出力値が0から1の間の値となるように学習させせま

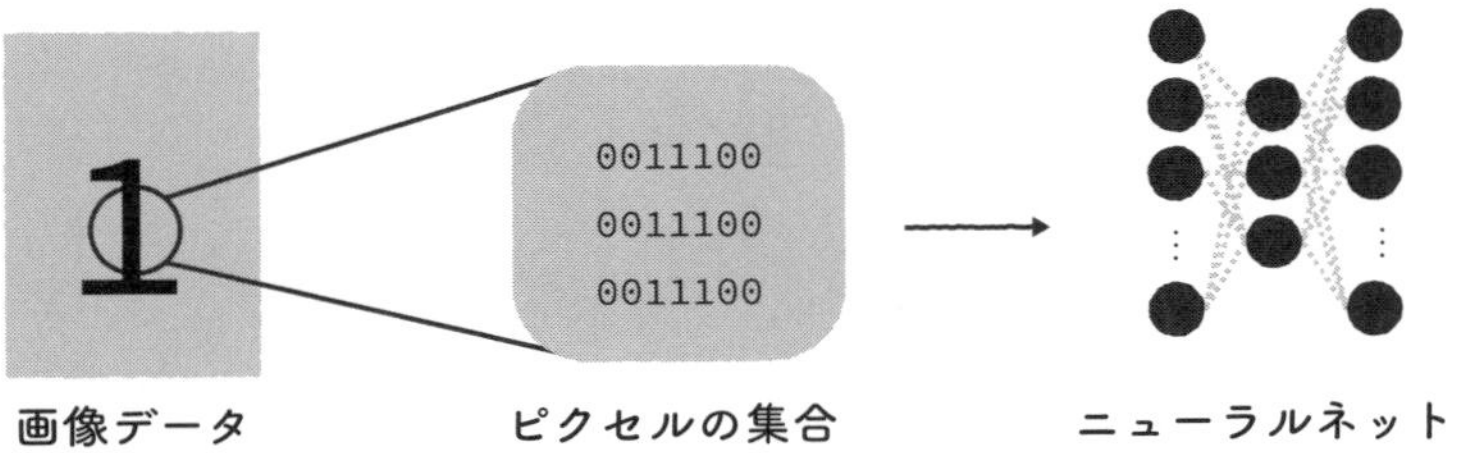

す。

ニューラルネットへの入力画像に数字の0が映っている場合には一番上のニューロンが1を出力し、残りの九個のニューロンが0を出力するように学習させましょう。同様に、数字の9が写っている画像に対しては、一番下のニューロンだけが1を出力して、あとの人工ニューロンは0を出力するように学習を進めます。

このように学習を進めていくと、学習データセットに含まれない数字に対しても0から9までのどの数字かを認識して結果を出力できるようになります。なお、出力結果は0から9までの数字に対応する人工ニューロンの出力値です。そこで、十個の出力値のなかから最も大きな値に対応する数字を認識結果とします。

画像認識の技術は、入国審査の列に並んでいるときに説明したように身近なサービスやアプリで活用されています。

まとめ

・ニューラルネットは画像認識によく利用されている。

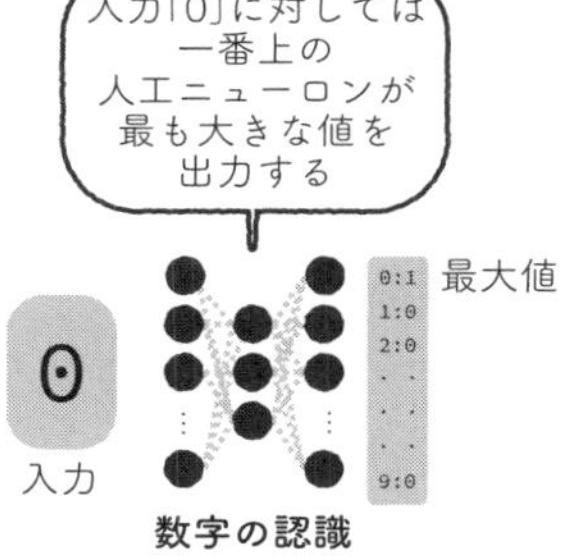
入力「0」に対しては
一番上の
人工ニューロンが
最も大きな値を
出力する
0
入力
0:1
1:0
2:0
9:0
最大値

数字の認識

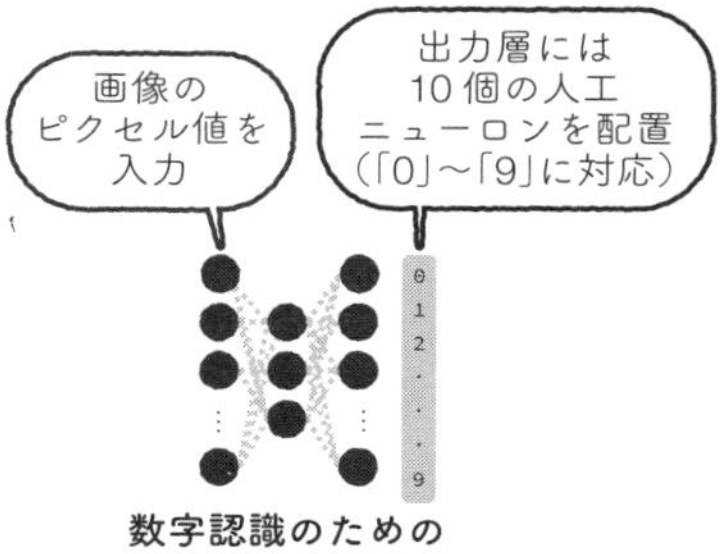
画像の
ピクセル値を
入力
出力層には
10個の人工
ニューロンを配置
（「0」～「9」に対応）
0
1
2
9

数字認識のための ニューラルネットの構造

「何か」を動かす－制御－

続けて、ニューラルネットを使って何かを動かすこと――システムの**制御**《せいぎょ》について考えてみましょう。ここでは、ニューラルネットでエアコンの温度調節機能を制御する方法を考えます。

エアコンは、大前提として「室温を一定温度に保つ」ように動きます。そのため、現在の室温と設定温度との差によって冷房や暖房の運転をコントロールしています。ですから、ニューラルネットの入力として室温を受け取り、ニューラルネットの出力として冷暖房装置の運転状態（たとえば、オンオフのコントロール）を与えるシステムを作れば、ニューラルネットによってエアコンを制御できそうです。

もう少し機能を充実させてみましょう。ニューラルネットは複数の入力をもつことができるので、室温の他に「時刻」の情報を付け加えてみます。こうすると就寝後に室温が少しずつ低くなるような設定が可能になります。さらに入力として追加できる項目がないか考えてみましょう。一般に、エアコンは冷房運転と暖房運転では室温の設定値が異なります。そこで、季節や外気温を入力に追加します。

さらに画像から読み取った室内の人数や家具の配置なども考慮して冷温風の制御をすれば、快適なエアコンができあがるかもしれません。

このようにニューラルネットを使うことで、さまざまな条件を加味したシステム制御が実現できます。

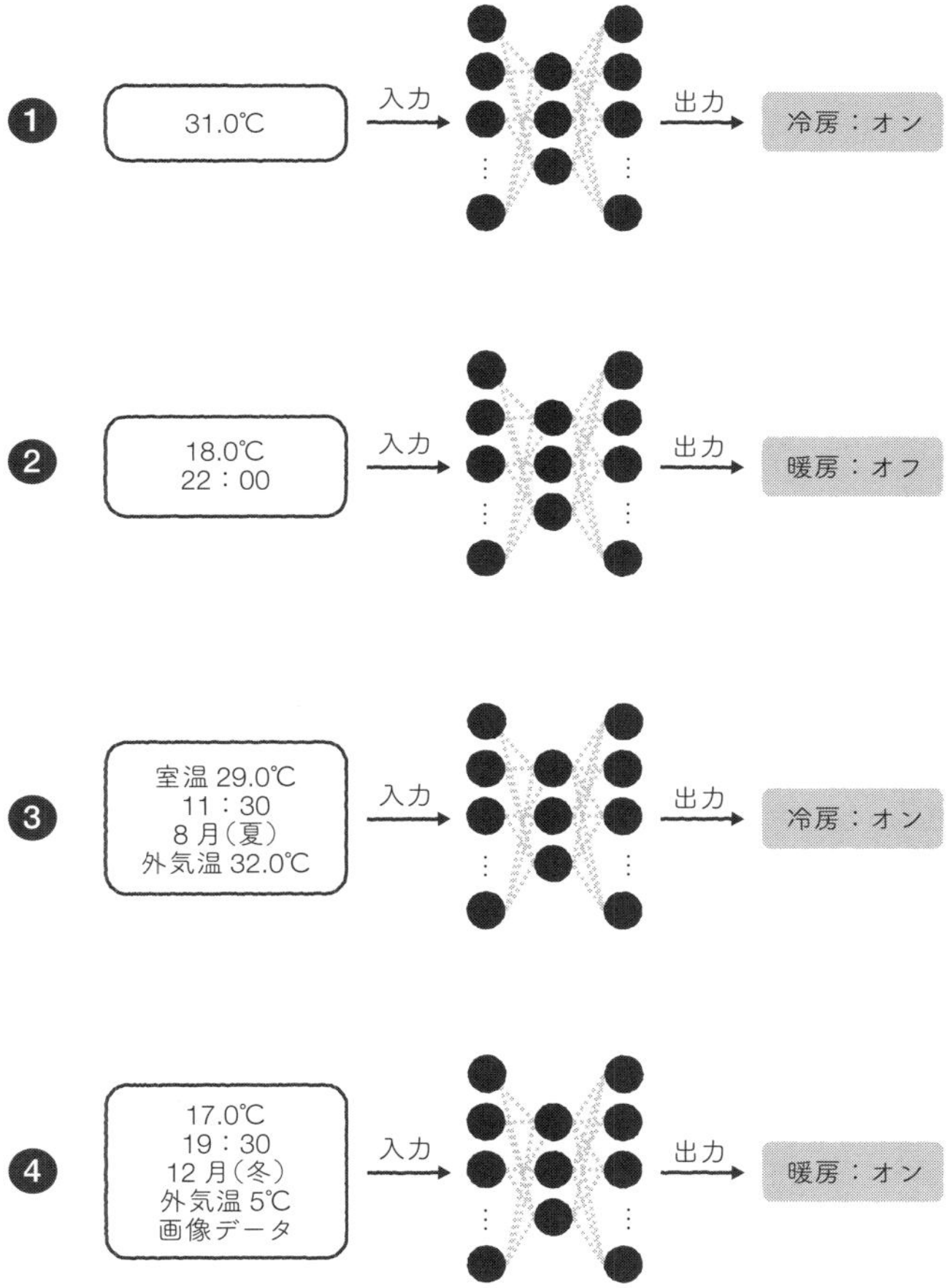

まとめ

・ニューラルネットを使うと、システムを思いどおりに制御することができる。

「何か」を考える－判断－

最後に、何かを入力すると入力に対する判断結果が出力されるニューラルネットを考えてみましょう。たとえば、株式の取引を瞬時に判断して実行するようなシステムは、どうすれば実現できるでしょうか？

入力は保有する株式の取得時の価格と現在の株式市場での取引価格、出力は売りまたは買いの指示が考えられます。このニューラルネットを、過去の価格変化と売り買いの正解不正解データを使って教師あり学習させます。すると市場動向に応じて株の売買を指示するニューラルネットができあがります。

入力を増やしてより精密な判断をさせることも可能です。たとえば売買の対象とする株式の価格だけでなく関連する企業の株価も合わせて入力すると、判断材料を増やすことができます。さらに、株式市場の状態だけでなくさまざまな経済指標もニューラルネットの入力に与えれば、判断の精度向上が期待されます。

ただし、ニューラルネットは過去の情報から特徴を学習してその結果を示しているだけなので、実際の株式取引において一〇〇％正しい指示を出せるわけではありません。しかし、こういった金融における機械学習の活用は、近年注目され発展している分野の一つです。

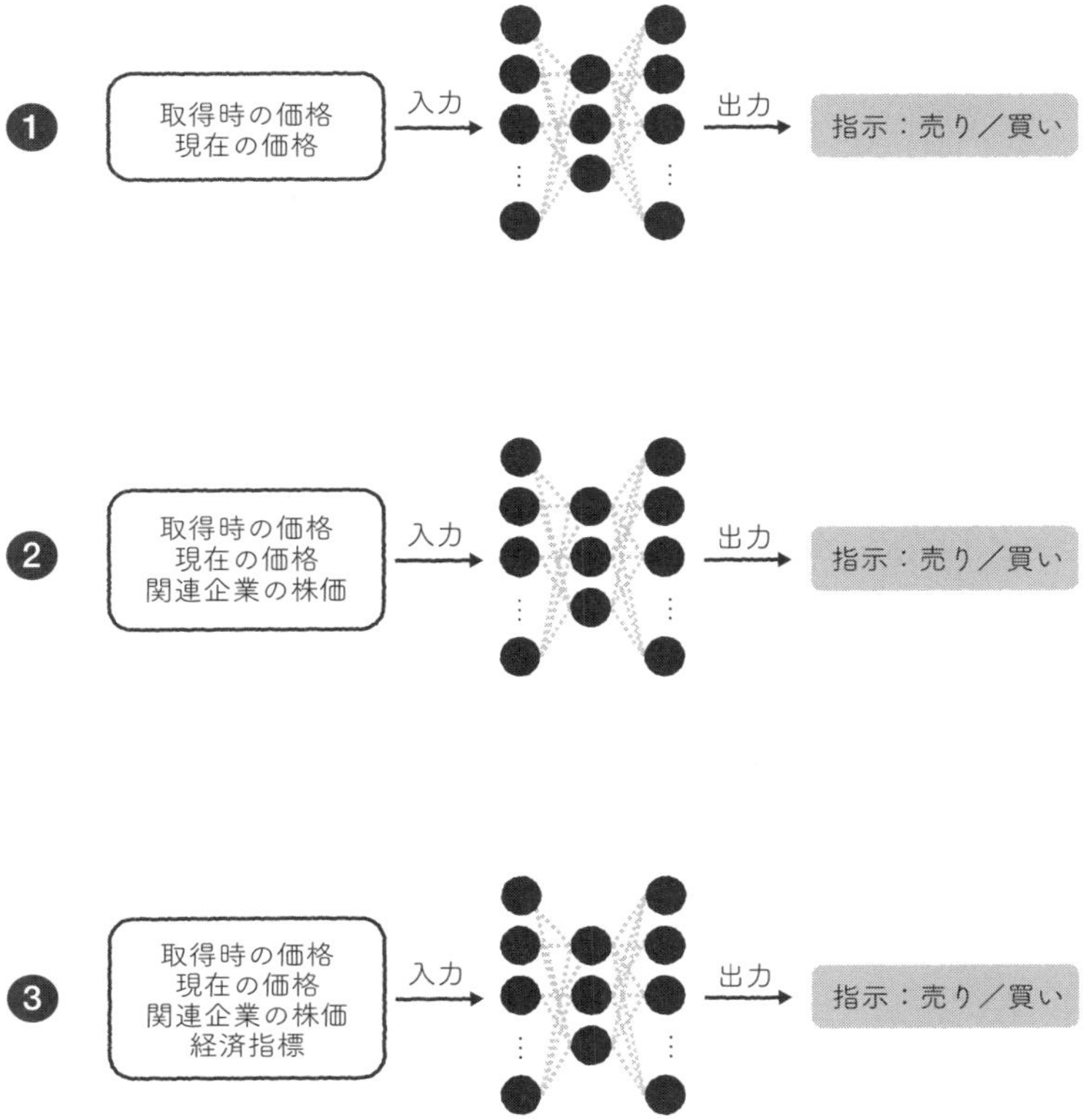
1
取得時の価格
現在の価格
入力
出力
指示：売り／買い
2
取得時の価格
現在の価格
関連企業の株価
入力
出力
指示：売り／買い
3
取得時の価格
現在の価格
関連企業の株価
経済指標
入力
出力
指示：売り／買い

必ず「何か」を返してくる、それでいいのかな？

ここまで繰り返し述べてきたように、ニューラルネットは入力に数値を与えると出力に数値が現れます。この過程では、学習時にニューラルネットに与えた学習データセットに含まれる特徴に沿って計算が進みます。ニューラルネットの計算はさまざまな入力データに対応可能です。そして汎化の働きにより、学習データセットに含まれない入力データに対しても出力が現れます。

ここで、少し考えてみてください。ニューラルネットは必ず「何か」を出力します。したがって、入力として想定外のデータを与えても、絶対になんらかの出力値が出現します。これはニューラルネットを使ってシステムを作ろうとした場合、はたして「よいこと」だといえるでしょうか。

機械学習に使う学習データを集めるときは、実行したいタスクに応じてデータを集めます。特定の想定下におけるデータを収集する、ということです。しかし、その想定から大きく外れたデータを入力したとしてもニューラルネットは必ず何かを出力します。そして想定外の入力に対する出力は、どんな結果となるかわからない想定外のものとなります。

たとえば、ニューラルネットを使ってロボットの運動制御を行う場合を考えてみましょう。このとき、想定外の入力として学習時には考えなかったロボットの姿勢をニューラルネットに与えるとします。するとニューラルネットの出力は、想定を外れたものとなる危険性があります。結果として、まったく無意味な行動をとったり、もしかしたら自分自身を壊してしまうような運動を行うかもしれません。

このように、どんな入力であろうとも必ず出力を与えてしまうニューラルネットには未知の危険性が存在します。制御や判断にニューラルネットを使う場合には、このことを注意して慎重に扱う必要があります。

まとめ

・ニューラルネットは想定外の入力に対しても必ず出力を返す。
・ニューラルネットによる制御や判断をシステムに組み込む場合には、必ず出力が返ることを考慮する必要がある。

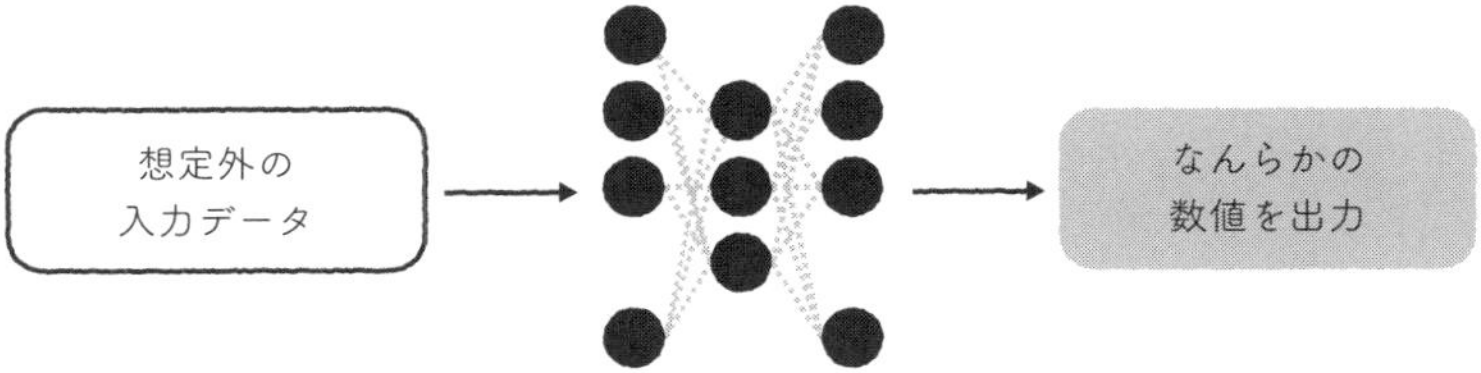

アプリのつぶやき

ニューラルネットは私たちの身の回りのさまざまなところで使われています。例として挙げた認識、制御、判断という三つの機能はいろんなサービスやアプリを作るために欠かせないものです。私のようなスマートフォンの中にもニューラルネットを活用して作られたアプリがたくさん入っています。

さて、ニューラルネットの大まかな仕組みはなんとなく理解できたと思いますが、実際にニューラルネットという仕組みを作るにはどうしたらよいのでしょうか。神経細胞は水やタンパク質などから構成されていますが、人工ニューラルネットはプログラミング言語で構成されています。プログラミング言語については、この街を出てから最後に紹介しますね。

私たちの身の回りにある日常的に使用しているシステムのなかには、機械学習が活用されているものが多く存在し、機械学習の仕組みはプログラムによって実現しています。もしこの本を読み終わったときに機械学習についてもっと深く知りたい、自分で作ってみたい、という気持ちがわいたのなら、ぜひプログラミングを学んでみてください。学習を重ねていけば、ここで紹介したようなシステムを自力で作れるようになるでしょう。

第七章

神経回路の街②

―ディープラーニング―

ディープラーニングってなんだろう？

さあ、神経回路の街の比較的小規模なエリアを抜けて、全体を見渡せるところまでやってきました。無数の人工ニューロンが組み合わさっているこのエリアは、ディープラーニングのエリアです。

ニューラルネットは、基本的にはあらゆる入出力関係を表現することが可能です。しかし複雑な入出力関係を表現するためには、ニューラルネットの内部に多数の人工ニューロンをもたせて、ニューラルネットの保持できる情報の量を増やさなければなりません。要するに、複雑な計算が必要になればなるほど大規模で複雑なニューラルネットが必要なります。

近年、**ビッグデータ**と呼ばれる大規模で複雑なデータが注目されています。ビッグデータの解析には、たびたびニューラルネットが用いられます。しかしこのためには、従来よりも桁違いに多くの人工ニューロンを含んだニューラルネットを使う必要があります。

ここで問題となるのは、大量の人工ニューロンを含むニューラルネットは学習がきわめて難しい点です。大規模で複雑なデータを扱うために、単にニューラルネットを大規模化すると、同時にニューラルネットの内部状

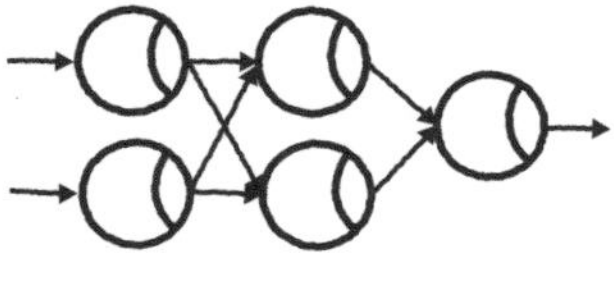

簡単な問題には
小規模なニューラルネット

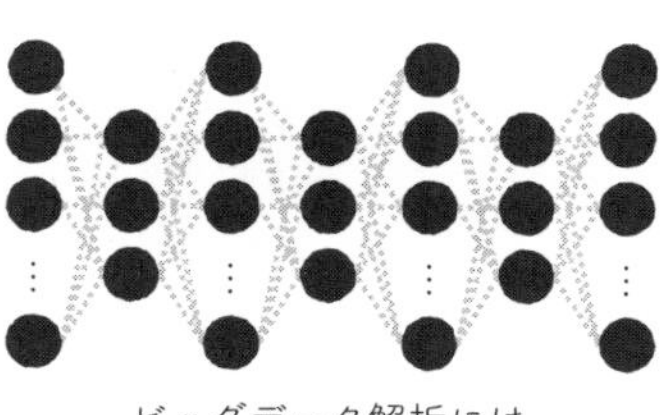

ビッグデータ解析には
大規模なニューラルネット

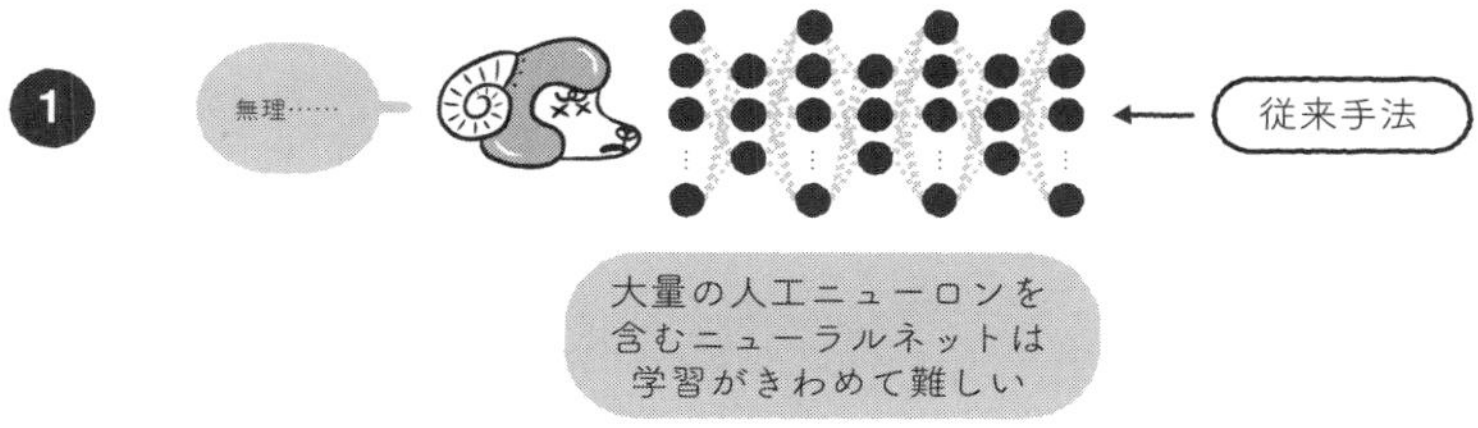
1
無理……
従来手法
大量の人工ニューロンを
含むニューラルネットは
学習がきわめて難しい

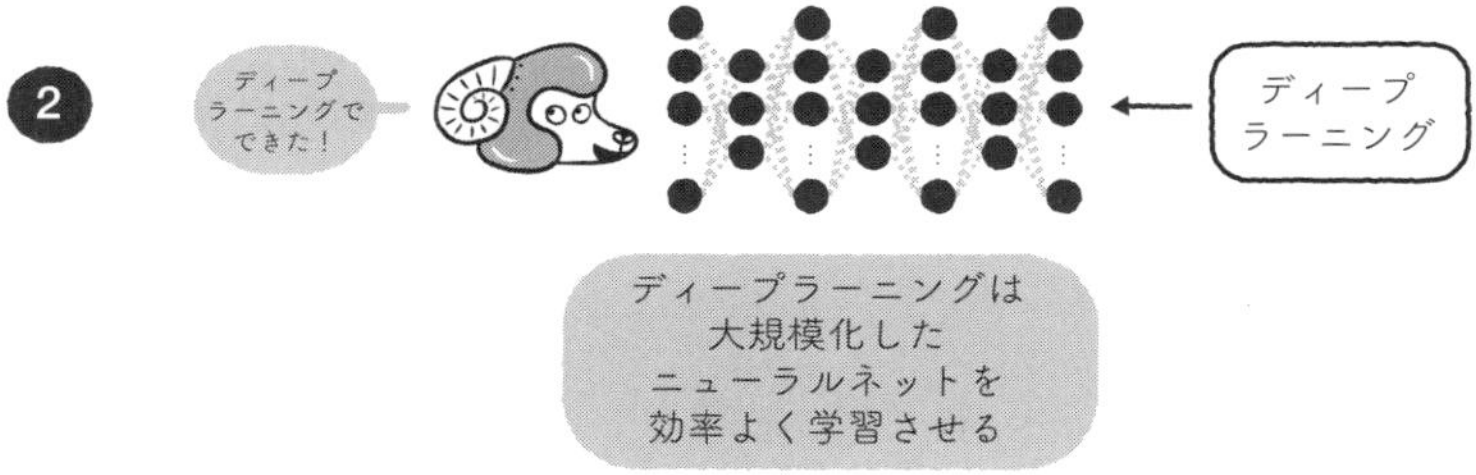
2
ディープ
ラーニングで
できた!
ディープ
ラーニング
ディープラーニングは
大規模化した
ニューラルネットを
効率よく学習させる

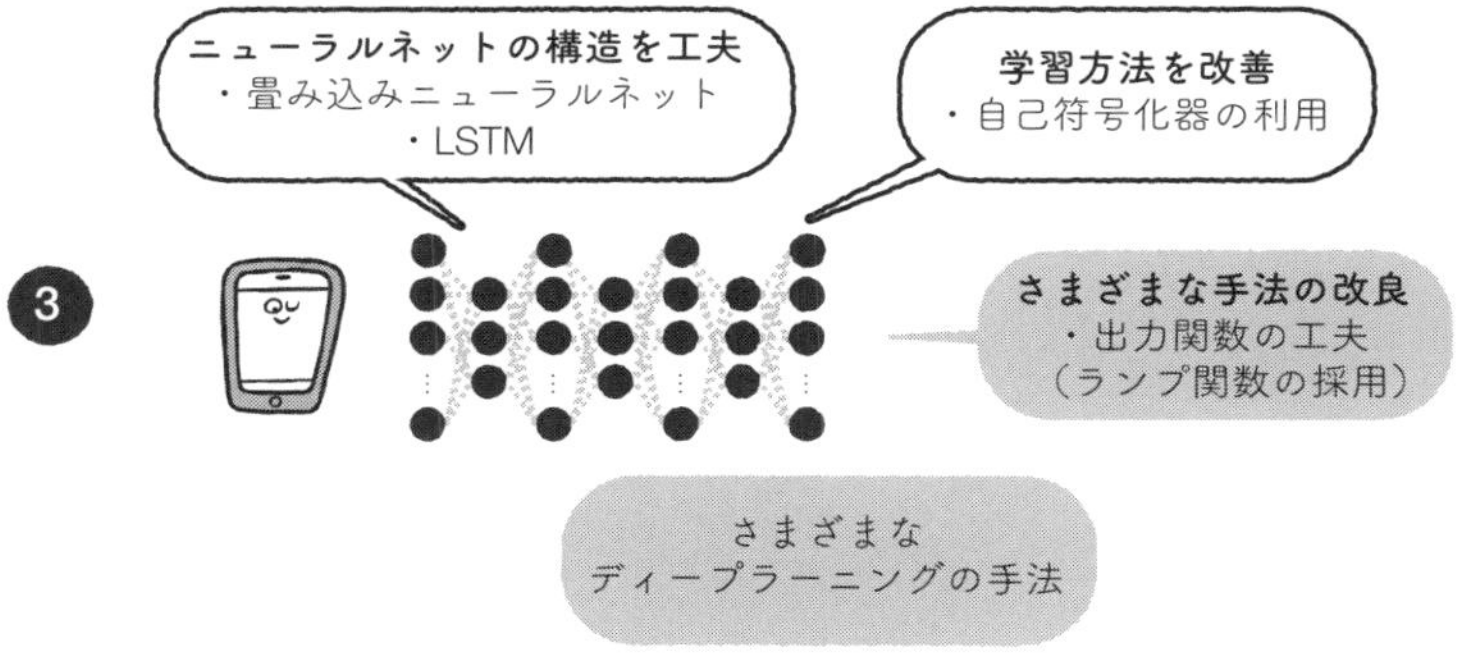
3
ニューラルネットの構造を工夫
・畳み込みニューラルネット
・LSTM
学習方法を改善
・自己符号化器の利用
さまざまな手法の改良
・出力関数の工夫
(ランプ関数の採用)
さまざまな
ディープラーニングの手法

態の調整も困難になります。このためニューラルネットの学習が難しく、適切な内部パラメーターを見つけることができなくなってしまうのです。

この問題に対処するための技術を、**ディープラーニング**、または**深層学習**と呼びます。ディープラーニングは、大規模な学習データを処理するために大規模化・多層化したニューラルネットを効率よく学習させるための技術です。

ディープラーニングは一つの技術ではなく、さまざまな技術から成り立っている手法です。ディープラーニングの技術には、ニューラルネットの構造を工夫したものや、ニューラルネットの学習方法を改善したもの、あるいは多階層のニューラルネットの学習を可能にするためのさまざまな手法の改良などが含まれます。

ここでは、ディープラーニングでよく用いられる、さまざまなニューラルネットと活用例を見ていきましょう。まずは畳み込みニューラルネットを紹介します。

まとめ

- 大規模で複雑なデータのことをビッグデータと呼ぶ。
- ディープラーニングとは、大規模なニューラルネットを効率よく学習させるための技術で、ビッグデータ解析によく用いられる。

人間の視覚を真似したニューラルネット

畳《たた》み込《こ》みニューラルネット（**CNN**《シーエヌエヌ》）はディープラーニングでよく用いられるニューラルネットで、人間の視覚神経系からヒントを得たものです。

人間の視覚神経系は下図のようになっており、網膜に配置された視細胞・視神経を入力として、複雑な神経回路を経たうえで脳に至ります。途中の神経回路では入力画像がもつ特徴を段階的に抽出し、その特徴を手掛かりとして最終的には画像に何が写っているのかを認識します。この働きをニューラルネットで模擬したのが畳み込みニューラルネットです。

一四一ページの図❶は、畳み込みニューラルネットワークの模式図です。入力データは左から与えられ、途中のニューラルネットを経由して、最後に右端の認識結果出力に至ります。

一四一ページの図❷は、入力データが画像である場合の例です。二次元のピクセルデータ（数値）の集まりが入力となり、出力はいろいろ考えられますが、たとえば「入力画像に写っているものがなんであるか」という認識結果などが考えられます。つまり、画像を入力すると、「これは猫です」「これは犬です」といった回答が返ってくる、ということです。認識

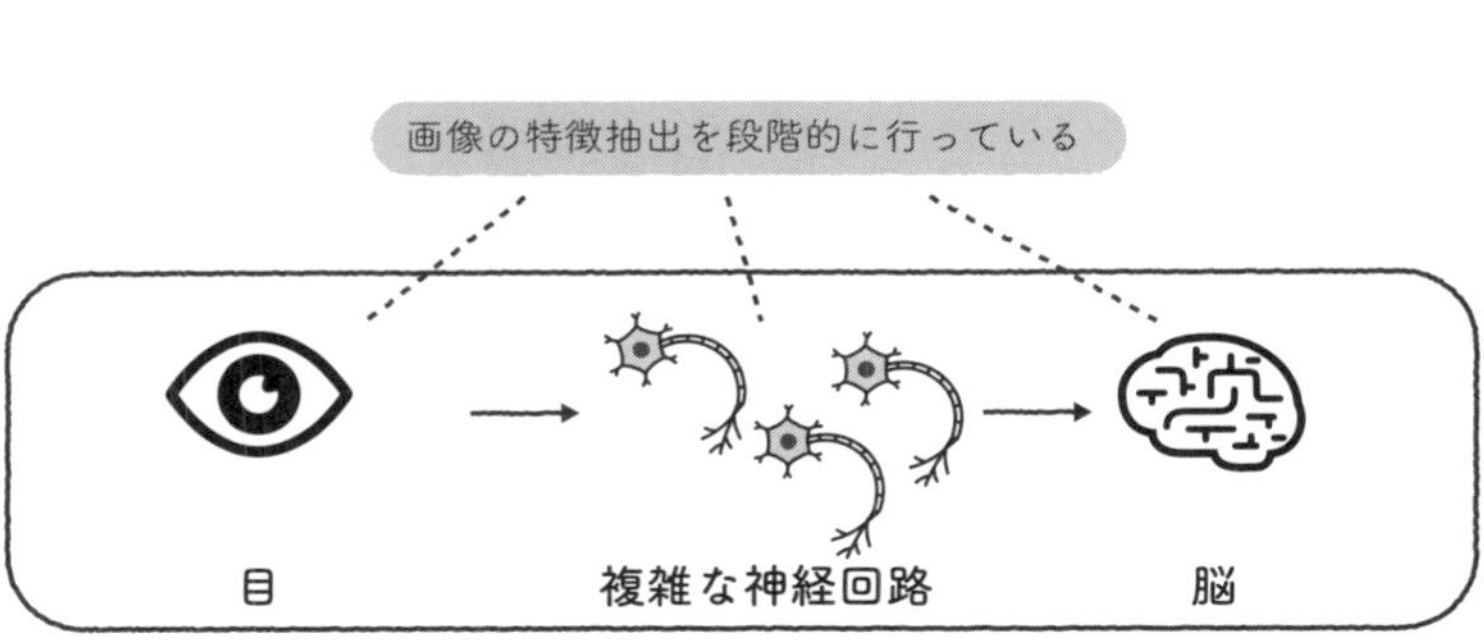
画像の特徴抽出を段階的に行っている
目
複雑な神経回路
脳

対象が一〇〇種類あれば出力を一〇〇個用意して、それぞれを認識対象と関連付けます。

畳み込みニューラルネットは画像認識を目的として考案されましたが、画像認識以外への応用も可能です。たとえば、自然言語処理に畳み込みニューラルネットを使うこともできます。ここで思い出してほしいのですが、ニューラルネットに入力できるものは数値だけでしたね。画像が「数値の集まり」として表現できることは入国審査の列でお話ししましたが、実は私たちが喋っている自然言語も数値で表す方法があります。詳細な説明は省きますが、「猫」などの単語をベクトルで表現し文章という単語の並びをベクトルの並びとして表現すると、畳み込みニューラルネットで処理できるようになります。少し高度な内容になるので、気になる場合は「単語ベクトル」や「分散表現」などのキーワードで調べてみてください。

このように、畳み込みニューラルネットは画像認識以外にも応用できます。

まとめ

- 畳み込みニューラルネット（CNN）は人間の視覚神経を模擬したニューラルネットで、ディープラーニングによく用いられる。
- CNNは画像認識だけでなく自然言語処理などにも応用できる。

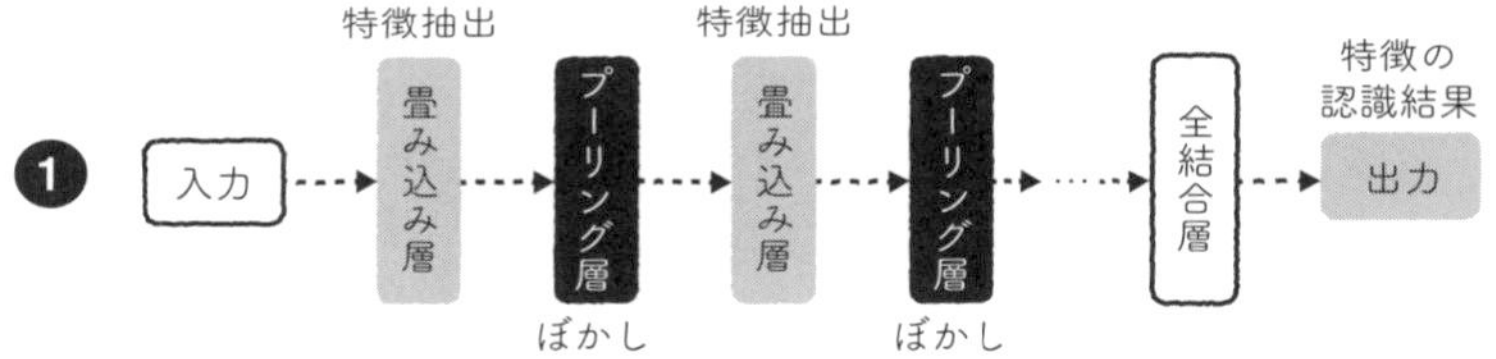
❶
入力
特徴抽出
畳み込み層
プーリング層
ぼかし
特徴抽出
畳み込み層
プーリング層
ぼかし
全結合層
特徴の
認識結果
出力

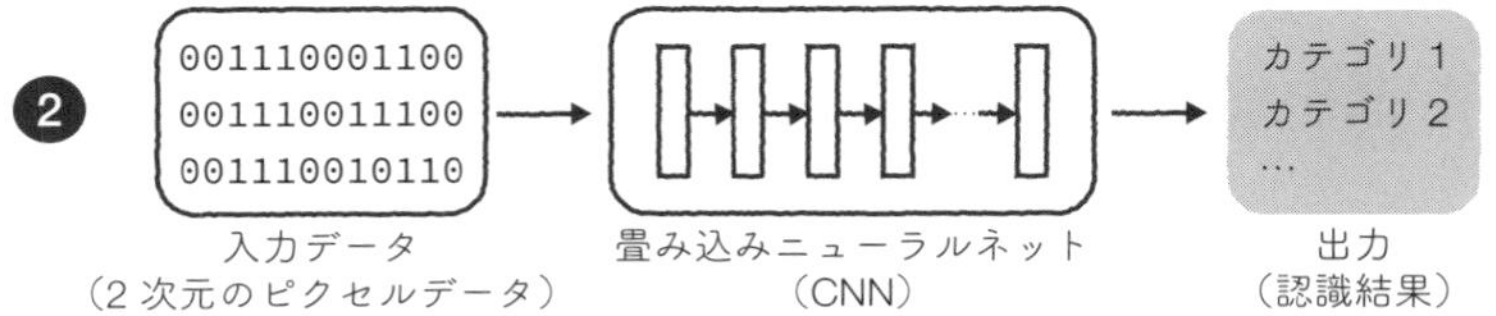
❷
001110001100
001110011100
001110010110
入力データ
（2次元のピクセルデータ）
畳み込みニューラルネット
（CNN）
カテゴリ1
カテゴリ2
…
出力
（認識結果）

これはイヌ？　それともネコ？
ーCNNの画像認識ー

畳み込みニューラルネットは、畳み込みとプーリングという二つの処理の繰り返しによって入力データの特徴を抽出します。ここでは、それぞれの処理を概説します。

畳み込みとは、ある入力データの各部分に対して同じ処理を繰り返し適用し、その結果をまとめる操作を意味します。画像を入力データとする場合でいえば、画像の各部分に対して同じ処理を繰り返し、その結果を集めて新しい画像を作り出す操作を畳み込みと呼びます。

画像に対して畳み込みを施すと、その画像の特徴を抽出することができます。たとえば、画像のなかに含まれる縦方向の成分を取り出したいのであれば縦方向に反応するような処理を作成して、画像全体にこの処理を適用します。そうすると、画像のなかでとくに縦方向の成分を多く含む領域に強い出力値が表れます。結果として、画像の縦成分という特徴が抽出されたことになります。

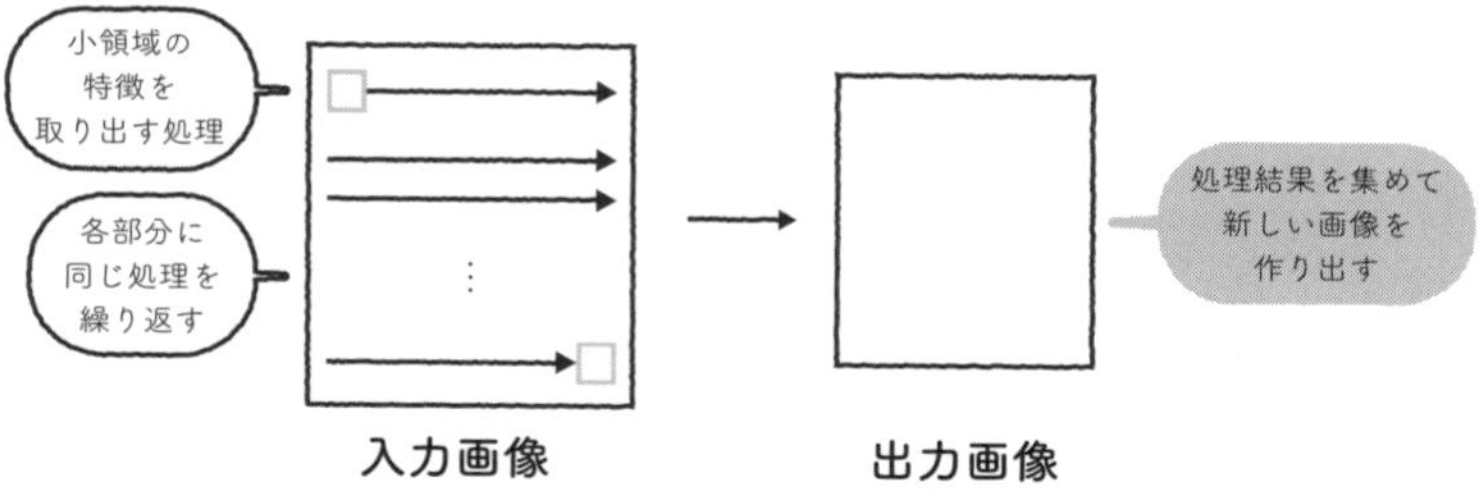
小領域の
特徴を
取り出す処理
各部分に
同じ処理を
繰り返す
処理結果を集めて
新しい画像を
作り出す
入力画像
出力画像

畳み込みニューラルネットでは、**畳み込み層**において畳み込み演算を用いて特徴を抽出します。一般の畳み込みニューラルネットでは複数の畳み込み層を用いて特徴を抽出しますが、そのうちの一層分だけを取り出してある一カ所の小領域について畳み込み演算を施す手順を下図に示します。

畳み込み層では、画像のごく小さな一部分に対してある処理を施します。この処理は、画像の画素値に定数を掛け算してその結果を合算するという単純な処理です。これを画像全体に対して適用することで、畳み込み演算の結果を得ます。

次に、**プーリング**について説明します。次ページの下部に、**プーリング層**の一層だけを取り出した部分の構造を示します。プーリング層は畳み込み層とよく似た構成ですが、畳み込みではなく、ある小領域の平均値や最大値を取り出すことでその領域の代表的な値を抽出する働きがあります。プーリング処理を行うと、対象領域内の細かい部分が省略されて、入力されたデータの概略が出力されます。

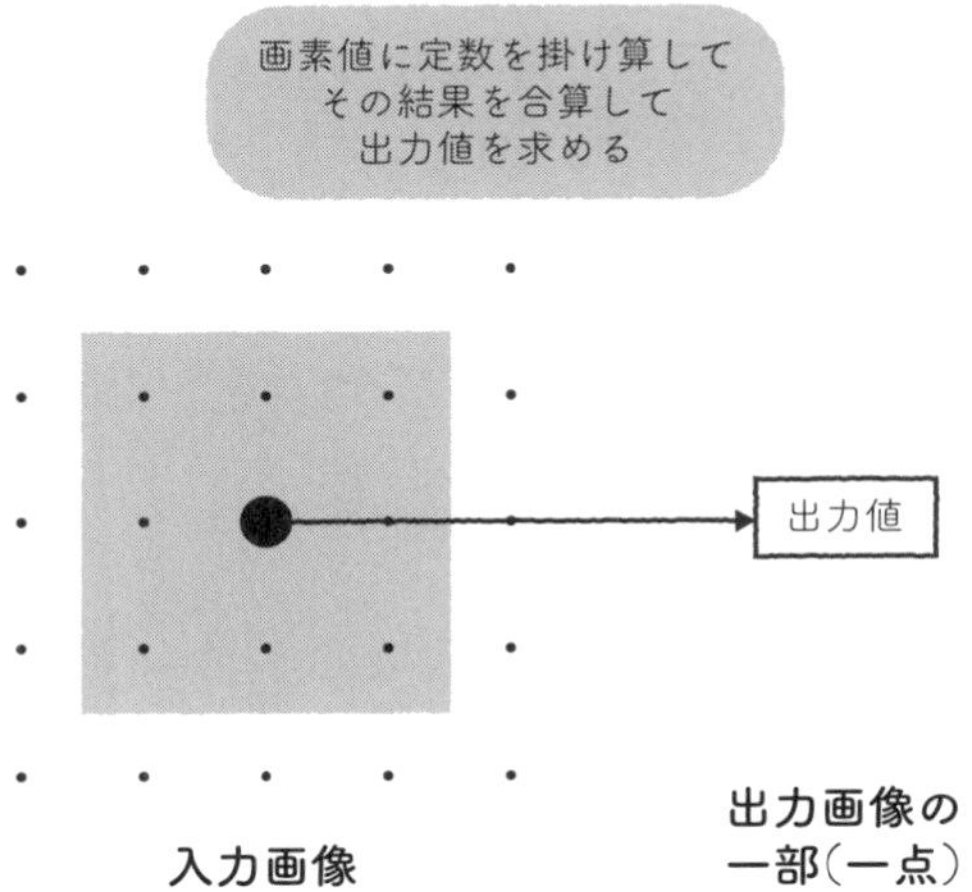
画素値に定数を掛け算して
その結果を合算して
出力値を求める
出力値
入力画像
出力画像の
一部（一点）

このため、プーリングの処理は入力データをあいまいにぼかす働きがあります。プーリング処理によって、細部にとらわれずに入力データの特徴を取り出すことができるようになります。

以上のように、畳み込み層は入力データの特徴を抽出する働きがあり、プーリング層は入力データをぼかして細部にとらわれずに全体的な特徴を取り出す働きがあります。畳み込みニューラルネットは、畳み込み層とプーリング層を複数重ねることで精度よく入力データの特徴を抽出することができるのです。

まとめ

- CNNは畳み込み層とプーリング層から構成される。
- 畳み込みとは入力データの各部分に対して同じ処理を繰り返しその結果をまとめる処理を指す。
- 畳み込み層は入力データの特徴を抽出し、プーリング層は抽出された特徴の概略を出力する。

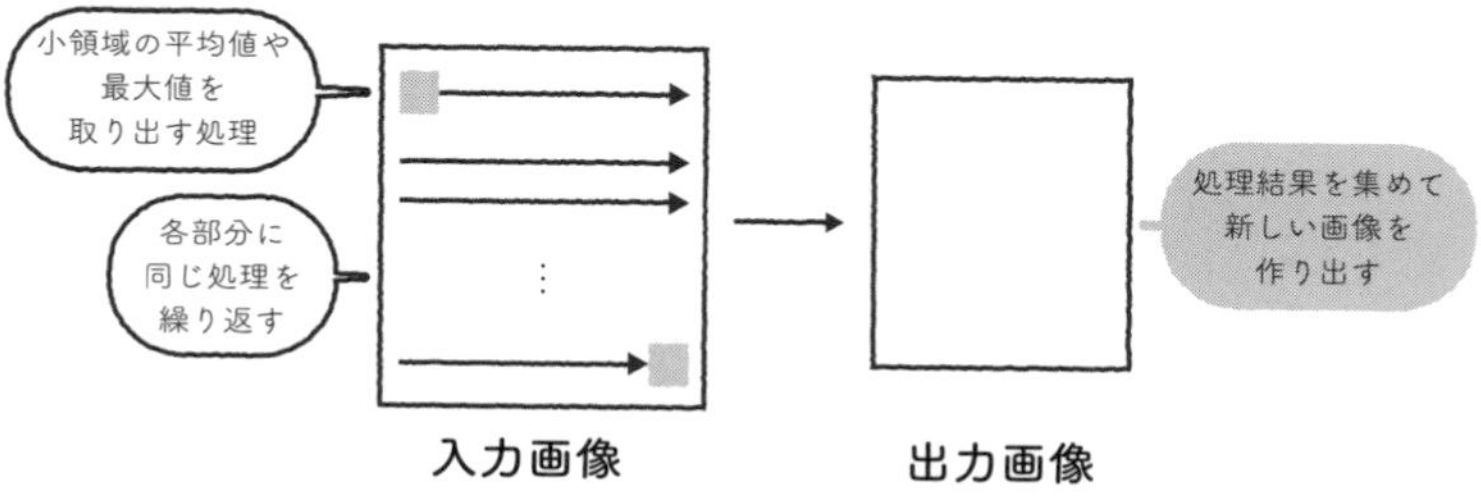

小領域の平均値や最大値を取り出す処理
各部分に同じ処理を繰り返す
入力画像
出力画像
処理結果を集めて新しい画像を作り出す

CNNはどうして高性能なんだろう？

畳み込みニューラルネットは、画像認識などの領域で従来手法より高い性能を上げることが可能です。これはなぜなのでしょうか？　その大きな要因は、畳み込みニューラルネットが多階層のニューラルネットである点にあります。

ニューラルネットが入力データに対して出力を与える際、その対応関係はネットワークの内部に保存された重みやしきい値などの情報によって決定されます。複雑な入出力関係を保持するためには、ネットワークの内部に多くの情報を蓄える必要があります。大規模で複雑なデータを学習するためには、ニューラルネットを大規模化して内部に多くの情報が蓄えられるようにしなければなりません。

畳み込みニューラルネットは、多層のネットワークを構成しやすく、そのうえ単純な階層型ニューラルネットをただ多層化したのでは学習が難しいような場合でも学習を進めるこ

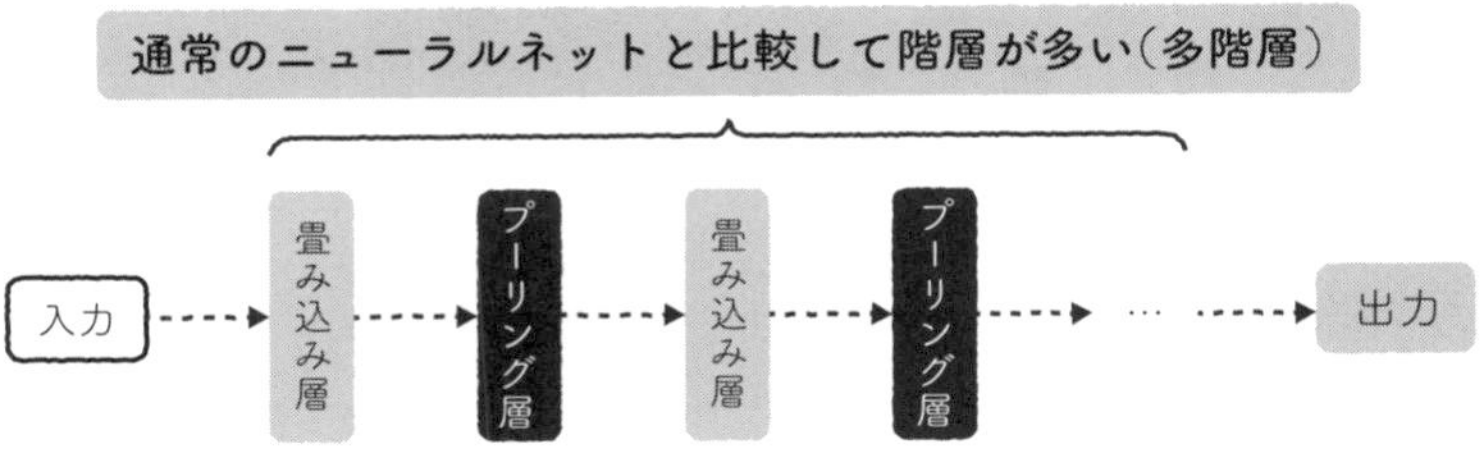

とができます。このため畳み込みニューラルネットは、従来の階層型ニューラルネットなどと比較して高い性能を上げることが可能です。さらに、ビッグデータ解析のような大規模なデータ処理に応用することにも向いており、身近なデバイスの顔認証機能などに活かされています。

まとめ

- CNNは従来の階層型ニューラルネットと比較して多層ネットワークを構築しやすいため、複雑になりやすい大規模データ処理に適している。
- CNNは顔認証機能などに活用されている。

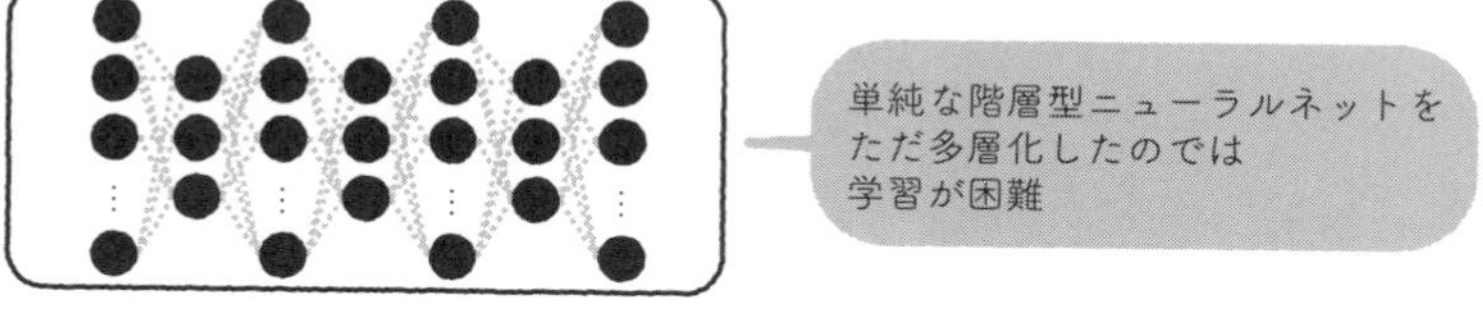
単純な階層型ニューラルネットを
ただ多層化したのでは
学習が困難

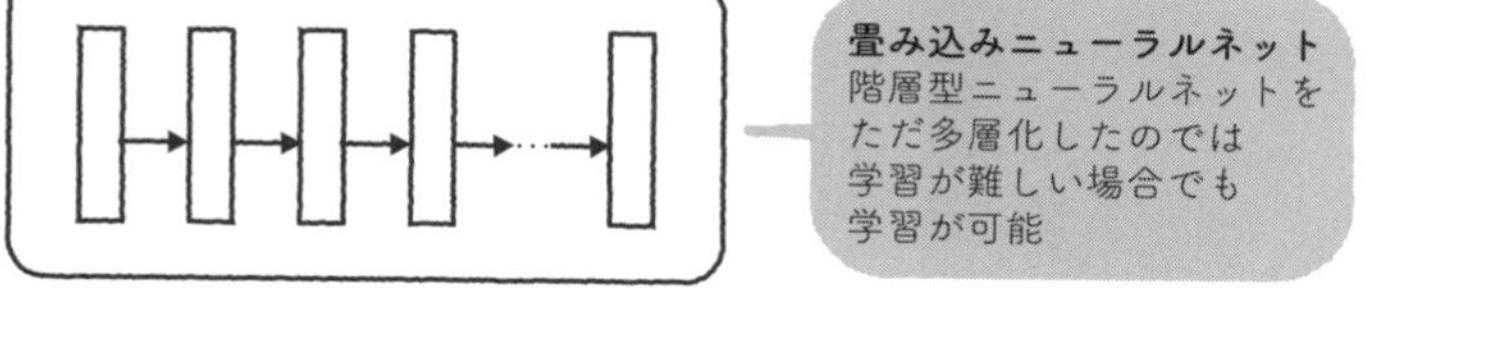
畳み込みニューラルネット
階層型ニューラルネットを
ただ多層化したのでは
学習が難しい場合でも
学習が可能

時間で変わるデータを分析しよう
－リカレントニューラルネットとＬＳＴＭ－

さて、ＣＮＮ以外のニューラルネットについても見ていきましょう。**リカレントニューラルネット**は、出力側から入力側に情報が戻っていく経路をもったニューラルネットです。出力側から入力側に情報を戻すと、現在入力されたデータと合わせて過去の入力データの記憶を参照して処理を進めることができます。このためリカレントニューラルネットを用いると、入力の順番に意味があるような学習データセットを扱うことができます。「入力の順番に意味があるデータ」とは、たとえば音声や画像などの**時系列《じけいれつ》データ**があります。

リカレントニューラルネットの特殊な例として、**ＬＳＴＭ《エルエスティーエム》**と呼ばれる形式のリカレントニューラルネットがあります。ＬＳＴＭは素朴なリカレントニューラルネットの欠点を補うための工夫をこらした、特殊なリカレントニューラルネットです。

出力側から入力側に信号を戻しただけの素朴なリカレントニューラルネットでも、学習データセットの出現順番に意味があるようなデータの学習は可能です。しかし、過去の影響をどの程度学習に反映させるのかは難しい問題です。つま

素朴なリカレントニューラルネットの問題点

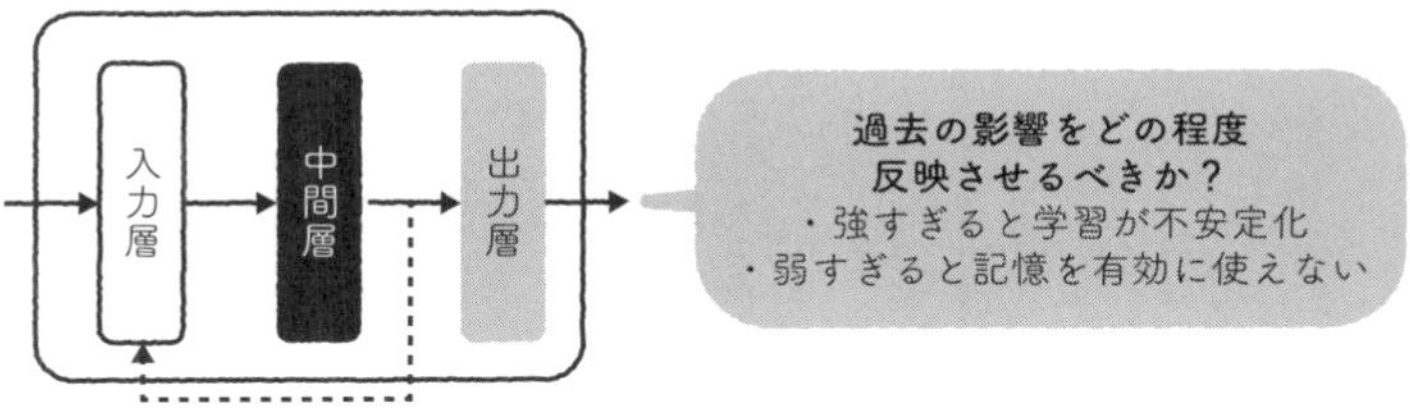
入力層
中間層
出力層
過去の影響をどの程度
反映させるべきか？
・強すぎると学習が不安定化
・弱すぎると記憶を有効に使えない

り、過去の学習データに強い影響を受けるリカレントニューラルネットを構成すると学習が不安定になる可能性があります。逆に過去の影響をあまり受けないネットワークを構成すると、直前の学習データのみしか学習に影響を与えることができず長期的なデータの出現順序関係を扱えません。

ＬＳＴＭではこうした問題を解決するために、中間層を構成する素子として**LSTMブロック**を用います。ＬＳＴＭブロックはＬＳＴＭ専用の高機能人工ニューロンで、外部からの制御信号を受け付けるとともに、それ自体が内部に記憶をもつ素子です。ＬＳＴＭブロックは積和と伝達関数から構成される一般の人工ニューロンと比較すると複雑で高機能です。ＬＳＴＭはＬＳＴＭブロックによって素朴なリカレントニューラルネットの問題点を解決しています。

まとめ

- 出力側から入力側へと情報が戻っていく経路をもつニューラルネットをリカレントニューラルネットと呼ぶ。
- リカレントニューラルネットは時系列データ解析に適している。
- LSTMはLSTMブロックという特殊な素子を用いる。

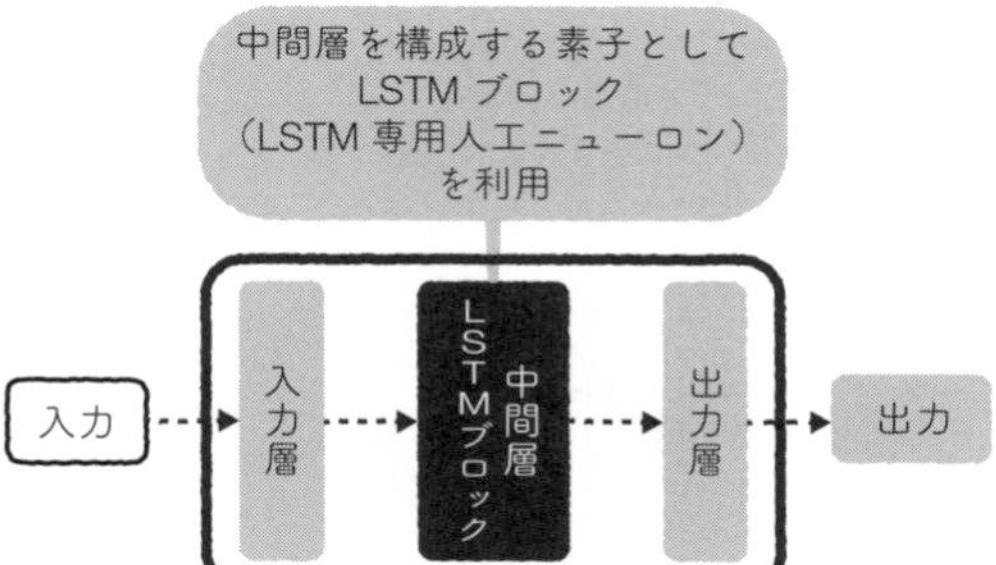

本物そっくりのニセモノをつくる－敵対的生成ネットワーク－

敵対的生成《てきたいてきせいせい》ネットワーク（GAN《ガン》）は、目的が真逆の二つのニューラルネットを組み合わせて競い合わせることで学習を進めるニューラルネットです。

　下図は敵対的生成ネットワークの概念図です。この図において、ネットワークGは**生成ネットワーク**と呼ばれ、偽のデータを生成する役割があります。これに対してネットワークDは**識別ネットワーク**と呼ばれ、データの真偽を見破る役割を担います。敵対的生成ネットワークでは、ネットワークGが巧妙な偽物データを作成し、ネットワークDはそれを見破ろうとします。

　一五一ページの図に示すように、識別ネットワークは入力された画像が本当に世の中に存在する本物の画像なのか、なんらかの手段によって作り出された偽物の画像なのかを見分けます。識別ネットワークの入力データは画像であり、与えられた画像が本物か偽物かを識別できるように学習が進められます。

　識別ネットワークの学習がある程度進んだら、次は生成ネットワークの学習を進めます。生成ネットワークは、乱数（雑音、ランダムノイズ）をもとにして画像を出力するニューラルネットです。乱数とは、前後の並びに関係性がない数字の並びから取り出した数値です。前後の関係性がないので、乱数の並びはランダムなノイズ、つまり雑音と同じ性質をもっています。

G
生成
ネット
ワーク
D
識別
ネット
ワーク
敵対的生成ネットワーク（GAN）
目的が真逆のニューラルネットを
組み合わせて競い合わせる

生成ネットワークは画像を生成しますが、もとが乱数ですから生成される画像はでたらめです。そのため、生成された画像を識別ネットワークに与えると画像が偽物であるという判定を受けてしまいます。

そこで生成ネットワークは、識別ネットワークが本物であると間違えてしまうような画像を出力できるように学習を進めます。生成ネットワークの学習が進むと、本物の画像と見間違えるような偽画像が生成されるようになります。

ここでさらに識別ネットワークを学習させることで、生成ネットワークの作り出す偽物を見破る力を強めてやります。そして、その識別ネットワークを使って生成ネットワークの学習を進めることで、より本物らしい偽物の画像が出力されるようになっていきます。

ここまで説明してきたＧＡＮの学習方法をまとめると、次のようになります。

❶ ネットワークＤ（識別ネットワーク）を学習させる
❷ ネットワークＧ（生成ネットワーク）を学習させる
❸ さらにネットワークＤ（識別ネットワーク）を学習させる
❹ さらにネットワークＧ（生成ネットワーク）を学習させる
❺ ❻ ❼……と繰り返す

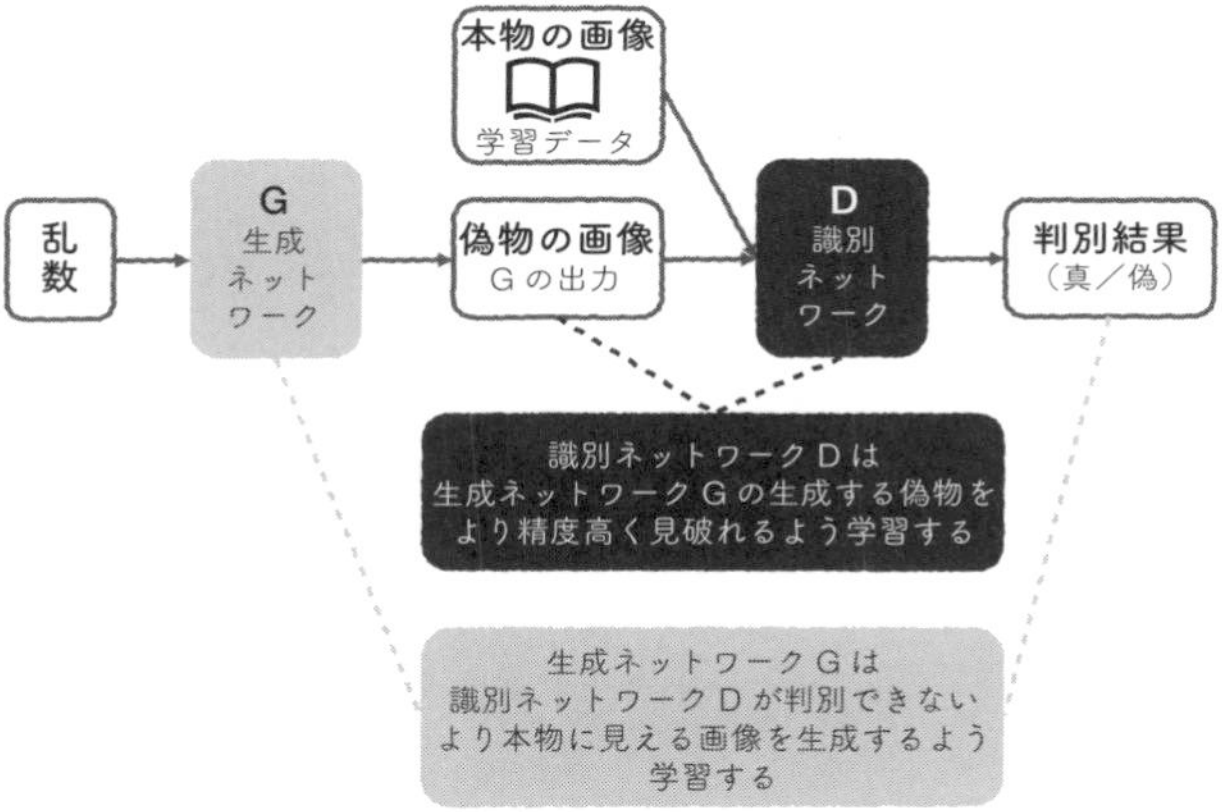

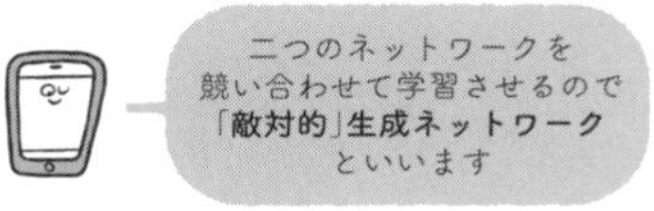

まとめ

・敵対的生成ネットワーク（GAN）は、生成ネットワークと識別ネットワークを競わせて、互いに相手を上回る能力を得るように学習する。

ディープラーニングを自動翻訳に役立てよう

画像の話が続きましたが、ディープラーニングが役立っているのは画像認識の分野だけではありません。確かにディープラーニングが注目されたのは、画像認識での大きな成功がきっかけでした。しかしその後さまざまな分野で用いられるようになり、いまでは自然言語処理の分野でもディープラーニングが用いられています。

ディープラーニングを自然言語処理に活かすには、自然言語で記述された文をニューラルネットに入力可能な形式に変換しなければなりません。代表的な変換方法として**1《ワン》-of《オブ》-N表現《エヌひょうげん》**があります。1-of-N表現は、単語の種類だけの要素をもつ0/1の並びを考えて、意味に対応する要素を1、残りの要素を0とする表現方法です。わかりやすい表現方法ですが、ほとんど0ばかりのデータ表現であるため、処理の効率が悪く機械学習では扱いにくいという性質があります。

そこで、1-of-N表現の代わりに**分散表現《ぶんさんひょうげん》**と呼ばれる表現方法もよく用いられます。分散表現は1-of-N表現のデータに対してなんらかの処理を施すことで、より小さなデータに変換した表現方法です。1-of-N表現から分散表現を作成するにはニューラルネットを用います。

❶

私	000000000000……0001000……000
今日	000000000000……0000100……000
元気	000000000000……0000010……000

意味に対応する要素を 1 として
残りの要素を 0 とする

❷

私	0.12	0.33	−0.32……	0.59
今日	0.29	0.58	0.41……	−0.01
元気	0.73	−0.35	0.52……	0.23

1-of-N 表現のデータを処理し
小さなデータ表現に変換

❸

単語連鎖
1-of-N 表現
分散表現

→

リカレント
ニューラル
ネット

→

ある種の
文法知識を
獲得

❹

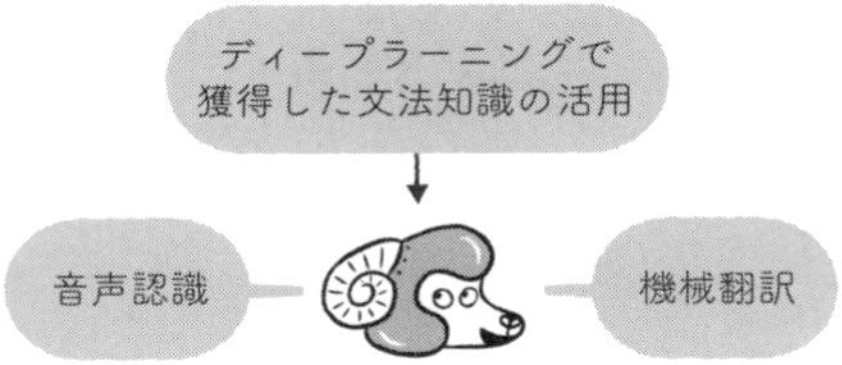

なんらかの方法で数値的な表現を得たら、次はニューラルネットを使って学習を試みます。そのためには、たとえばリカレントニューラルネットや畳みこみニューラルネットなどを用いることができます。

リカレントニューラルネットは、学習データの出現順序を学習できます。そこでリカレントニューラルネットに単語の連鎖を与えることで、単語のつながりの関係を学習することができます。これはある種の文法を獲得できることを意味します。また、単語の並びを二次元に配置すると、畳み込みニューラルネットによって学習することが可能です。

こうして、ディープラーニングによって獲得した知識を利用することで、音声認識や機械翻訳などの自然言語処理技術は大きな進歩を遂げることができました。二〇一七年にサービスが開始され細かなニュアンスなども精度よく翻訳できると話題になった翻訳サービスDeepLも、CNNによるディープラーニングを活用したサービスです。

まとめ

・ディープラーニングは自然な自動翻訳サービスの作成などの自然言語処理分野でも活用されている。

経験から学ぶ深層学習－深層強化学習－

ディープラーニングに強化学習を組み合わせると、強化学習で扱える状態の数を飛躍的に拡大することが可能です。このような手法を**深層強《しんそうきょう》化《か》学習《がくしゅう》**と呼びます。

下図に深層強化学習の枠組みを示します。深層強化学習は、強化学習の枠組みのなかに深層学習の手法を組み込むことで実現されています。

一般的な強化学習では、行動選択の指針となる数値をそのままの形式で記憶します。このため、対象とする状態の数や各状態における選択可能な行動の数が多くなると記憶が膨大な量となってしまいます。

そこでこの部分に深層学習の手法を用いることで、畳み込みニューラルネットなどの大規模なニューラルネットに数値を記憶させることで問題を解決します（次ページ下図）。

深層強化学習では、強化学習における試行の繰り返しの際

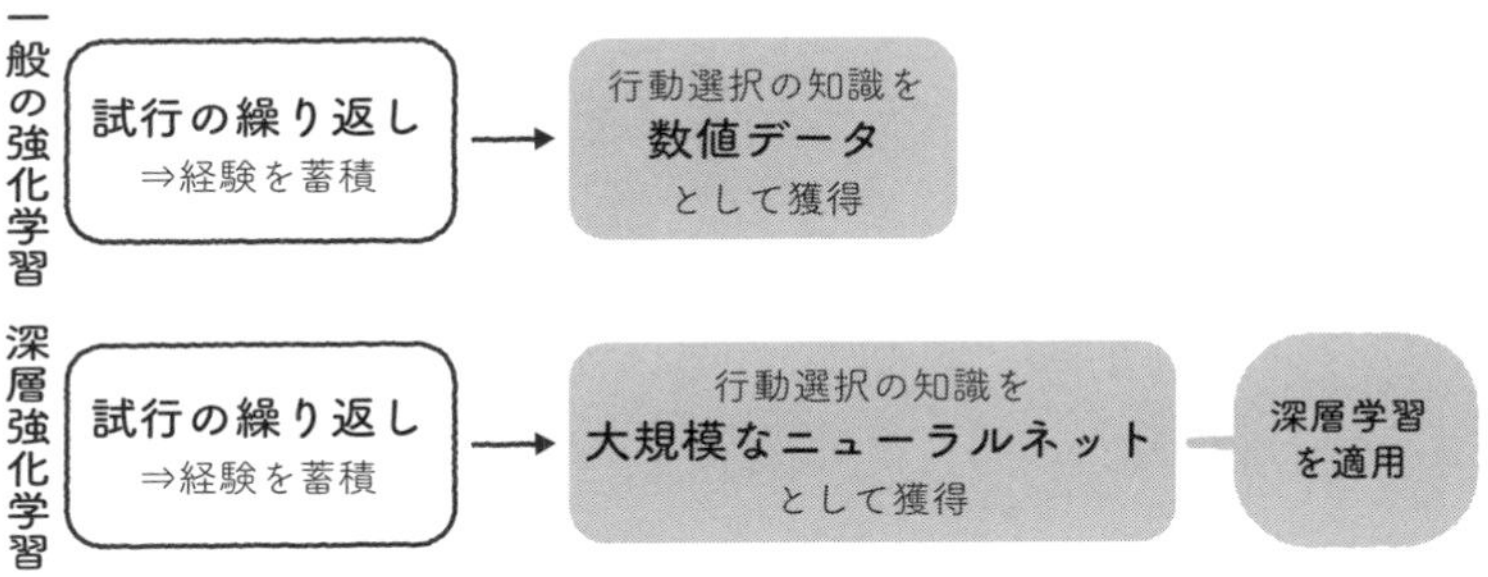
一般の強化学習
試行の繰り返し
⇒経験を蓄積
行動選択の知識を
数値データ
として獲得
深層強化学習
試行の繰り返し
⇒経験を蓄積
行動選択の知識を
大規模なニューラルネット
として獲得
深層学習
を適用

に畳み込みニューラルネットの学習を行います。強化学習の手続きにおける試行を繰り返すうちに、畳み込みニューラルネットの学習が進みます。十分な繰り返しの後に、畳み込みニューラルネットには行動選択に関する知識が蓄積され、行動知識の獲得が完成します。

まとめ

・深層強化学習は深層学習を適用した強化学習で、大規模なニューラルネットとして行動選択の知識を獲得する。

巨大で複雑に入り組んだこの街も、ようやく出口が見えてきました。機械学習の国は本当はもっと広いのですが、最初のツアーとして定番の街は回りきれたと思います。最後に出国手続きをして、この旅を終わりにしましょう。

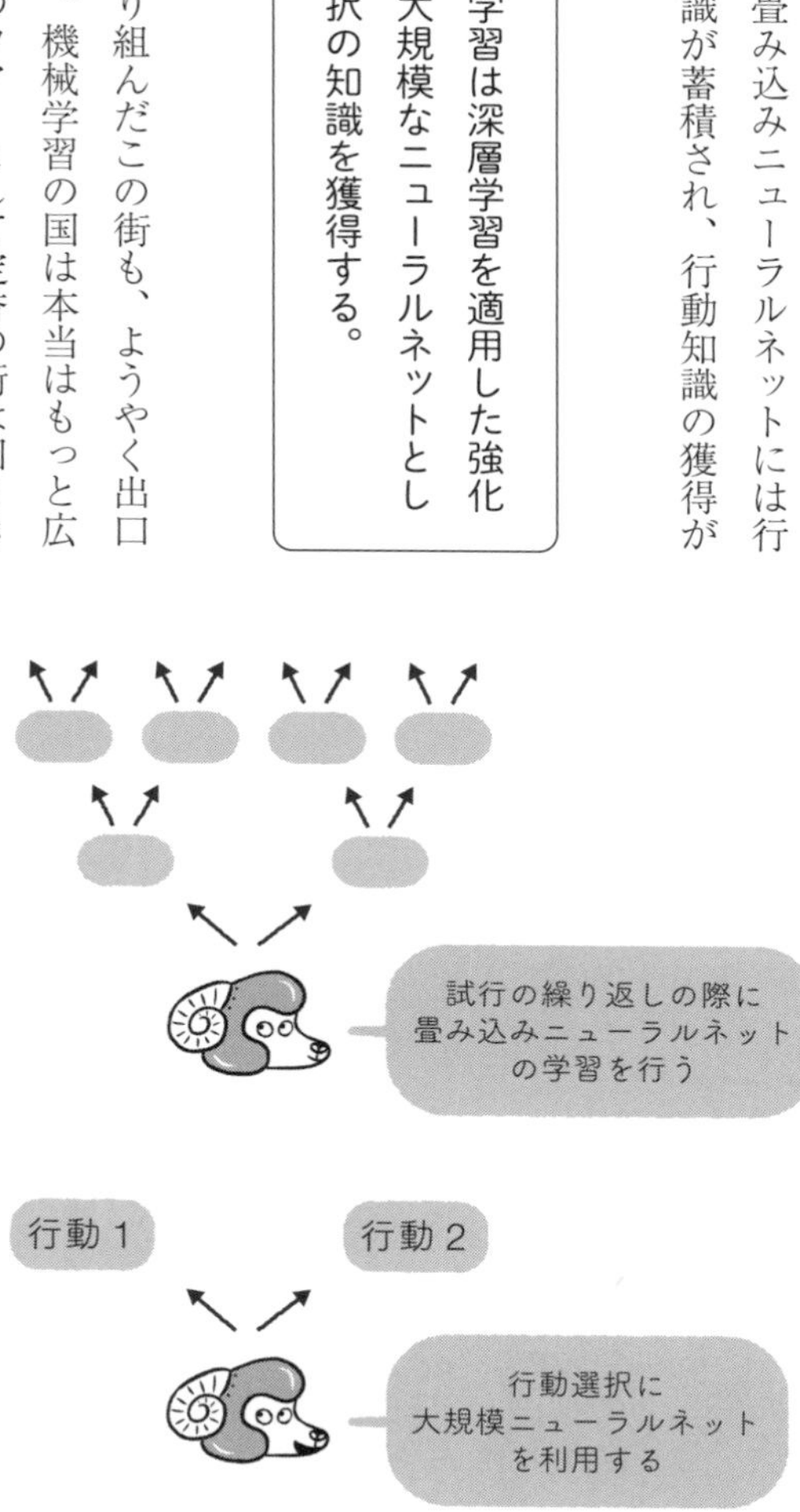
試行の繰り返しの際に
畳み込みニューラルネット
の学習を行う
行動1
行動2
行動選択に
大規模ニューラルネット
を利用する

第八章

でぐち

―機械学習をはじめよう―

機械学習に使われる言葉－プログラミング言語 Python－

機械学習の国の出口までやってきましたね。たくさん歩いて疲れたと思います、おつかれさまでした。最後に、この国についてもっと深く知りたいな、と思ったときに役立つ「言葉」を紹介しておきますね。

ここまで何回か使ってきた「自然言語」という言葉の意味を覚えていますか？自然言語とは、いま私たちが使っているような日常的に対話に使用している言語のことです。日本語とか、英語とかですね。その対となる概念として「人工言語」というものもありましたね。人工言語にはフィクションのなかで使用される独自言語などの他に、**プログラミング言語**があります。**プログラム言語**ともいいますね。

機械学習はコンピューターが学習することで、今回紹介したようなさまざまなことができるようになります。しかしコンピューターは自然言語が理解できません。コンピューターにやってほしいことを伝えるためには、プログラミング言語でプログラムを作る必要があります。自然言語処理に日本語や英語といった多くの種類が存在するように、プログラミング言語にもC《シー》、C++《シープラプラ》、Java《ジャバ》など多くの種類が存在します。それぞれの言語には特色があり、よく使われる分野に違いがあります。そして機械学習でよく使われているプログラミング言語はPython《パイソン》です。

Python は機械学習の世界で最も広く利用されている言語で、学習しやすくプログラムが書きやすいという特徴があります。このため機械学習に限らず多くの分野で使われています。プログラミングの経験がない場合、はじめて学習する言語としてもおすすめできますよ。

まずは実際に見てみましょう。これは単体の人工ニューロンを計算するための Python プログラムの例です。

```
"""
neuron.pyプログラム
人工ニューロンの計算
使いかた C:¥>python neuron.py
"""
# モジュールのインポート

# グローバル変数
INPUTNO = 2        #入力数

# 下請け関数の定義
# forward()関数
def forward(w,e):
    """順方向の計算"""
    #出力の計算
    o=0.0
    for i in range(INPUTNO):
        o += e[i] * w[i]
    o -= w[INPUTNO]#しきい値の処理
    return f(o)
# forward()関数の終わり

# f()関数
def f(u):
    """伝達関数(ステップ関数)"""
    #ステップ関数の計算
    if u >= 0:
        return 1.0
    else:
        return 0.0

# f()関数の終わり

# メイン実行部
W = [1, 1, 1.5]                # 重み
e = [[0,0],[0,1],[1,0],[1,1]] # データセッ
ト

#計算の本体
for i in e:
    print(i,"->",forward(w,i))

# neuron.pyの終わり
```

`#`から始まっている行や`"""`で括られている言葉は、プログラムではなくコメントです。プログラムにおけるコメントとは、プログラムの内容を把握しやすくするために自然言語で目的や機能を書き添えることです。コメントを書いておくと、たとえば他の人と一緒に開発したり、後任者に引き継いだり、あるいは時間をおいてから自分で見直したりするときに役立ちます。

さて、さきほど示したプログラムは、実はそのままではコンピューターに理解してもらえません。コンピューターは、**機械語**《きかいご》、あるいは**マシン語**と呼ばれる言葉しか厳密には理解できません。機械語とは、左図のように0と1の二種類で構成されたものを指します。

```
01001101
01100001
01100011
01101000
01101001
01101110
01100101
00100000
01100011
01101111
01100100
01100101
```

プログラミング言語よりもさらにわかりづらいですね。この人間や羊にとってわかりづらい形でないと、コンピューターは言葉を理解してくれません。じゃあプログラミング言語は意味がないじゃないか、と思うかもしれませんが、そうではありません。プログラミング言語は自然言語と異なり、容易に機械語へと翻訳することができます。その翻訳機のことを**コンパイラ**や**インタプリタ**と呼びます。Python の翻訳に使うのは **Python インタプリタ**です。

Python インタプリタは Python のプログラムを実行するためのプログラムであり、無償で提供されています。与えられたプログラムを一行ずつ翻訳しながらプログラムの実行を進めます。わざわざ「一行ずつ」といっているのは、一行ずつではなくプログラム全体を読み込んでから一括で翻訳し実行する言語もあるからです。

さきほどプログラミング言語を機械語に翻訳する翻訳機として、コンパイラとインタプリタの二種類を紹介しました。コンパイラとインタプリタの違いは、ある程度まとまった量を一括で翻訳するか、一行ずつ逐次翻訳するかです。イメージとしては、コンパイラは文章を翻訳する翻訳家、インタプリタは喋っている言葉を通訳する通訳者といえます。

Python のように一行ずつ翻訳して進める言語のことを**インタプリタ型言語**と呼びます。対して、全体を読み込んでから一括で翻訳して実行する言語のことは**コンパイル型言語**と呼びます。インタプリタ型言語の代表例は Python や JavaScript、コンパイル型言語の

代表例はCやC++、Javaなどです。JavaScriptとJavaは名前が似ていますが違う言語です。

さて、さきほどのプログラムに「**neuron.py**」という名前を付けて、私のパソコンのCドライブに保存したとしましょう。このプログラムを実行すると、左図のような文字列が出力されます。

```
C:¥Users¥sumaho>python
neuron.py
[0, 0] -> 0.0
[0, 1] -> 0.0
[1, 0] -> 0.0
[1, 1] -> 1.0
C:¥Users¥sumaho>
```

プログラムの実行は、Windowsなら**コマンドプロンプト**、macなら**ターミナル**という画面で行えます。Pythonインタプリタは**python**という名前のコマンドとして実行することができるので、一行目のようにファイルの場所（**C:¥Users¥sumaho**）を示してから、実行コマンド（**python**）と実行ファイル名（**neuron.py**）を入力します。すると四行目のように実行結果が出力されます。ちなみにファイルの場所は、とくに指定しなければ実行結果の次の行にあるように、ユーザーのCドライブ（C:¥Users¥sumaho）が表示されるので自分で入力する必要はありません。

続けてPythonで機械学習を行う利点を紹介します。Pythonはそれ自体が優れたプログラミング言語ですが、Pythonを拡張するための**ソフトウェアライブラリ**が多数開発されている点も、広く利用される理由となっています。ソフトウェアライブラリとはよく使う機能を一つにまとめた拡張パックのようなもので、単に**ライブラリ**とも呼びます。下の表は、機械学習に限らず科学技術の計算で利用される代表的なライブラリを示しています。

ディープラーニング向けのライブラリについては、次節以降で紹介する**TensorFlow**《テンソルフロー》、**PyTorch**《パイトーチ》、**Keras**《ケラス》、**Caffe**《カフェ》などがあります。これらディープラーニング向けのライブラリは、表に示すライブラリを利用して構築されています。

次ページに示すサンプルプログラムは、数式処理ライブラリ**SymPy**《シムパイ》を使って四次方程式を解くプログラムです。

SciPy（サイパイ）	科学技術計算一般向けのライブラリ
NumPy（ナンパイ）	高速な行列計算と、行列計算に基づくさまざまな科学技術計算向けライブラリ
Matplotlib（マットプロットリブ）	データ可視化機能を提供するライブラリ
SymPy（シムパイ）	数式処理ライブラリ
Pandas（パンダス）	データ加工機能を提供するライブラリ

```
"""
equation.pyプログラム
Pythonモジュールの利用例
sympyモジュールを利用して方程式を解く
使い方 C:¥>python solve.py
"""
# モジュールのインポート
from sympy import *


# メイン実行部
var("x")
# 変数x
equation = Eq(x**4 - x**2 - 2, 0) # 方程式を設定
solution = solve(equation)       #方程式を解く
print(solution)                  #結果出力
# equation.pyの終わり
```

四次方程式 $x^4 - x^2 - 2 = 0$ を解くプログラム

↓ 実行

```
C:¥Users¥sumaho>python equation.py
[-sqrt(2), sqrt(2), -I, I]
C:¥Users¥sumaho>
```

四次方程式の解, $x = \sqrt{2}, \sqrt{2}, -i, i$ を示している

機械学習に使われるソフトウェア①－TensorFlowとKeras－

TensorFlow《テンソルフロー》（テンサーフローともいいます）は、Googleによって開発された複雑な数値計算を簡単に行えるライブラリです。Pythonでディープラーニングのプログラムを作成する際によく用いられます。

TensorFlowという名称は、**テンソル**の計算をデータフローによって簡単に記述できる、という意味を込めてつけられています。テンソルとは、複数の数値をひとまとめにして扱う仕組みのことを意味します。ディープラーニングでは、たとえばニューラルネットのパラメーターを複数の数値で表して、それらを一括して処理する必要があります。TensorFlowを用いるとニューラルネットの記述を簡単に行うことができます。

Keras《ケラス》は、TensorFlowの機能を利用してディープラーニングの処理を容易に記述できるように工夫したライブラリです。つまりKerasはTensorFlowを使いやすくするためのライブラリです。いうなれば、KerasはTensorFlowの上に乗って、ディープラーニングの機能を使いやすくする働きがあります。

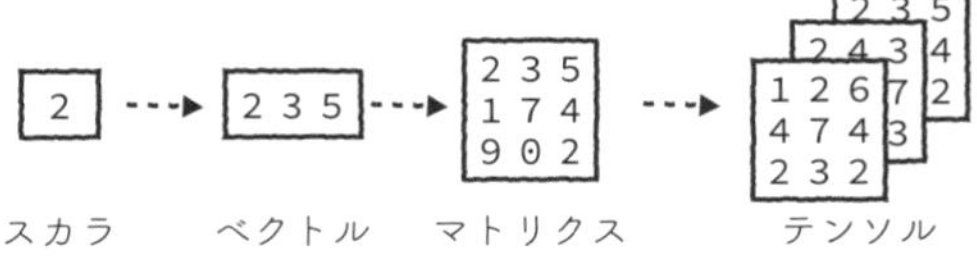

下にKerasによるニューラルネットの定義例を示します。この例はmodel1という名前の階層型ニューラルネットを定義しています。

一行目は、model1という名前で階層型ニューラルネットを作成することを示しています。続く二行目は入力層、三行目は中間層、四行目は出力層を順に定義しています。

定義においては、各層を構成する人工ニューロンの個数や、伝達関数（活性化関数）の指定などを記述します。こうして定義をし終えたら、定義したニューラルネットの学習やテストを行うことができます。

プログラミング言語に馴染みがないとわかりづらいかもしれませんが、TensorFlowとKerasという枠組みを使わない場合、ニューラルネットの記述はもっと膨大な量になってしまいます。しかしTensorFlowとKerasを用いると、ニューラルネットの細かい処理手続きを記述せずにニューラルネットを使用できます。このため、数々のディープラーニングの応用事例においてTensorFlowとKerasが用いられています。

```
model1 = Sequential()
model1. add(Dense(128, activation = 'relu',input_shape=(128,)))
model1. add(Dense(128, activation = 'relu'))
model1. add(Dense(10, activation = 'softmax'))
```

機械学習に使われるソフトウェア②
－Caffe・PyTorch・Chainer－

ディープラーニング向けのライブラリはTensorFlowやKerasだけでなく、さまざまなものがあります。下表に代表例を示します。

PyTorch《パイトーチ》は、Pythonで利用できる画像認識や自然言語処理向けのライブラリです。もともとTorchというライブラリがあり、これをPythonライブラリとして整備したのがPyTorchです。

Caffe《カフェ》は画像認識のディープラーニングで用いられるライブラリです。CaffeはC++やPython、**MATLAB**《マトラボ》から利用することが可能です（MATLABもプログラミング言語の一つです）。

Caffeを使うと、畳み込みニューラルネットを用いた画像認識を行うシステムを効率よく構成できます。また、Caffeで利用できる学習済みのモデルが配布されているなど、利用しやすい環境が整っているうえに、**GPU**《ジーピーユー》を用いた高速な処理が可能です。GPUとはGraphics Processing Unitの略で、画像処理に特化したプロセッサのことです。ここでは詳細

Keras	TensorFlowの機能を利用してディープラーニングの処理を容易に記述できるように工夫したライブラリ
PyTorch	Pythonで利用できる、画像認識や自然言語処理向けのライブラリ
Caffe	画像認識にディープラーニング技術を適用するために用いられるライブラリ
Chainer	ニューラルネットの記述が容易なライブラリ。日本語の文献が豊富。開発を終え、今後はメンテナンスフェーズに移行する予定。

な説明を省きますが、大量の画像を扱うディープラーニングを使った画像処理の場合、GPUが使用できるか否かは大きな要素となります。

最後に挙げたChainer《チェイナー》もニューラルネットの記述を助けてくれるライブラリです。ここで紹介した他のライブラリと異なり日本で開発されたため、日本語の文献が豊富です。ただし新規の開発は終了し、今後はメンテナンスが中心になる予定です。

◆

さあ、出国手続きも終わりました。この道をまっすぐ行けば羊の家に帰れますよ。もしプログラミングに興味が出てきたのであれば、もう片方の道を辿ってプログラミングの国へ行ってみるのもよいかもしれませんね。

今回案内したのは、この国のさわりだけです。より深く学びたくなったり、自分で作ってみたくなったりした場合は、ぜひまた遊びにきてくださいね。

さまざまな
ディープラーニング向け
ライブラリ

Caffe

- ディープラーニングを用いた画像認識向け
- C++、Python、MATLAB で利用できる
- 利用しやすい環境が整っている
- 処理が高速

PyTorch

- ディープラーニングを用いた画像認識や自然言語処理向け
- Torch という画像認識や自然言語処理向けライブラリを Python 用として整備したもの
- ユーザーコミュニティ（おもに海外）が活発

Chainer

- ニューラルネットの記述が容易にできる
- 日本製であり日本語の文献が豊富
- 新規開発は終了し、現在はメンテナンスが中心となっている

アプリのつぶやき

機械学習の国を巡る旅は、これでおしまいです。羊と電気羊はいったん家に帰ってから、プログラミングの国のことを調べたり、機械学習の国のもっとディープなところを巡る計画を立てたりしているようです。最後に二人が「これから読もう」とメモした本を紹介するので、この次に読む本を悩んでいる人はそちらを参考にしてくださいね。

この本の冒頭で、私たちの旅の内容は「近年よく聞くようになった機械学習についてざっくりと全体像を知りたい、本格的な学習を始める前の見通しをもちたい」という人におすすめ、という話をしました。どんな仕組みで動いていて、どんなことに使われているのか、イメージをもつことができましたか？

機械学習について知りたいと思った動機は、みなさんさまざまだと思います。これから専門的な学習をするから予習として概要を知りたいと思った人も、仕事の都合で気は進まないけどやむを得ずある程度知識を仕入れないといけないという立場の人もいたことでしょう。しかしどんな立場の人であっても、この本を通じて「機械学習は面白くて、いろんなシーンで役に立っている技術なんだな」と少しでも思っていただけたのなら嬉しいです。

おわりに

―AIについて学べる参考図書たち―

人工知能全般について概要を知りたい

今回は機械学習に特化していましたが、人工知能全般について概要を知りたい、教養として人工知能を理解したいという人におすすめなのは次の二冊です。

・梅田弘之『エンジニアなら知っておきたいAIのキホン』インプレス（二〇一九）
・小高知宏『基礎から学ぶ人工知能の教科書』オーム社（二〇一九）

機械学習のプログラミング

機械学習のプログラミングを実際にやってみたい、という人には次の三冊がおすすめです。いずれもPythonを前提としているので、Pythonやプログラミング自体が未経験である場合は、先にPythonの入門書を読むことをおすすめします。

・Andreas C. Muller他著、中田秀基訳『Pythonではじめる機械学習』オライリー・ジャパン（二〇一七）
・斎藤康毅『ゼロから作るDeep Learning』オライリー・ジャパン（二〇一六）
・小高知宏『機械学習と深層学習　Pythonによるシミュレーション』オーム社（二〇一八）

数学知識

「専門的な本に進んだら数式がたくさん出てきて難しかった」という人には、機械学習のプログラミングに必要な数学知識を解説している次の本がおすすめです。

・石川聡彦『人工知能プログラミングのための数学がわかる本』KADOKAWA（二〇一八）

さらに一歩踏み出す

最後に、より専門的なことを知りたい、もう一歩踏み出したい、という人には、少し難しいかもしれませんが次の本がおすすめです。

・Peter Flach著、竹村彰通監訳『機械学習―データを読み解くアルゴリズムの技法』朝倉書店（二〇一七）

た行

な行

は行

ま行

や行

ら行

索引

英数字

あ行

か行

さ行

〈著者略歴〉
小 高 知 宏 （おだか　ともひろ）
1983 年　早稲田大学理工学部 卒業
1990 年　早稲田大学大学院理工学研究科後期課程 修了、工学博士
　　　　九州大学医学部附属病院 助手
1993 年　福井大学工学部情報工学科 助教授
1999 年　福井大学工学部知能システム工学科 助教授
2004 年　福井大学大学院 教授
　　　　現在に至る

〈主な著書〉
『これならできる！ C プログラミング入門』『TCP/IP で学ぶコンピュータネットワークの基礎(第 2 版)』『TCP/IP で学ぶネットワークシステム』『計算機システム』(以上、森北出版)
『Python 言語で学ぶ 基礎からのプログラミング』『Python 版 コンピュータ科学とプログラミング入門』『C 言語で学ぶ コンピュータ科学とプログラミング』『コンピュータ科学とプログラミング入門』『基本情報技術者に向けての情報処理の基礎と演習 ハードウェア編、ソフトウェア編』『人工知能システムの構成（共著)』（以上、近代科学社)
『文理融合 データサイエンス入門（共著)』『人工知能入門』（以上、共立出版)
『Python で学ぶ はじめての AI プログラミング』『基礎から学ぶ 人工知能の教科書』『Python による TCP/IP ソケットプログラミング』『機械学習と深層学習 －Python によるシミュレーション－』『Python による数値計算とシミュレーション』『機械学習と深層学習 －C 言語によるシミュレーション－』『強化学習と深層学習 －C 言語によるシミュレーション－』『自然言語処理と深層学習 －C 言語によるシミュレーション－』『C による数値計算とシミュレーション』『C によるソフトウェア開発の基礎』『情報通信ネットワーク（共著)』『TCP/IP ソケットプログラミング C 言語編（監訳)』『基礎からわかる TCP/IP アナライザ作成とパケット解析（第 2 版)』（以上、オーム社)

本文イラスト：オカタオカ
本文デザイン：菊地昌隆（Ball Design）

機械学習をめぐる冒険

2021 年 11 月 30 日　　第 1 版第 1 刷発行

著　者　小 高 知 宏
発行者　村 上 和 夫
発行所　株式会社 オーム社
郵便番号　101-8460
東京都千代田区神田錦町 3-1
電話　03(3233)0641(代表)
URL　https://www.ohmsha.co.jp/

印刷・製本　三美印刷
ISBN978-4-274-22761-5　Printed in Japan